U1070734

酿酒葡萄
极简化生态栽培手册

李　华　主编

科学出版社
北　京

内 容 简 介

本书以葡萄酒产业可持续、高质量发展为目标，在长期多点实验研究的基础上，系统凝练最新生产、科研和理论成果，集成创新，提出了葡萄极简化生态栽培的概念，构建了葡萄极简化生态栽培技术体系和爬地龙栽培模式，系统介绍了适应我国埋土防寒区的爬地龙栽培规范，适应我国非埋土防寒区的单干双臂及头状栽培规范，以及与上述栽培规范配套的水肥一体化、病虫害合理防治、高岭土颗粒膜使用等技术规范，既注重科学性，更注重实用性和可操作性。此外，本书还介绍了酿酒葡萄园生态系统服务功能和我国埋土防寒区免埋栽培等方面的最新研究成果。

本书可作为葡萄与葡萄酒相关科研、技术人员和葡萄果农的实用手册，也可作为相关专业学生的参考用书。

图书在版编目 (CIP) 数据

酿酒葡萄极简化生态栽培手册/李华主编. —北京：科学出版社，2023.6
ISBN 978-7-03-074246-9

Ⅰ. ①酿… Ⅱ. ①李… Ⅲ. ①葡萄栽培–手册 Ⅳ. ①S663.1-62

中国版本图书馆 CIP 数据核字（2022）第 237902 号

责任编辑：李秀伟 / 责任校对：郑金红
责任印制：赵 博 / 封面设计：刘新新

科学出版社 出版
北京东黄城根北街 16 号
邮政编码: 100717
http://www.sciencep.com
北京中科印刷有限公司印刷
科学出版社发行 各地新华书店经销
*
2023 年 6 月第 一 版 开本：720×1000 1/16
2024 年 1 月第二次印刷 印张：8
字数：160 000
定价：128.00 元
(如有印装质量问题，我社负责调换)

《酿酒葡萄极简化生态栽培手册》编委会

主　编：李　华

副主编：王　华　张振文

编写人员（以姓氏笔画为序）：

王　华　王　锐　李　华

张军翔　张振文　顾沛雯

前　言

据国际葡萄与葡萄酒组织（OIV）统计，经过几十年的快速发展，中国葡萄酒产量自2013年以来持续下降，2020年下降至66万t，比2013年的111万t下降了40.5%；与葡萄酒产量的下降趋势相反，自2013年以来，葡萄酒进口量和进口额均呈上升趋势，分别从2013年的38万t和12亿欧元上升至2020年的43万t和16亿欧元，分别上升了13.2%和33.3%，导致同期消费量与产量的差额由2013年的49万t增加至2020年的58万t，增加了18.4%。这表明，在中国葡萄酒市场继续扩大的同时，中国葡萄酒的竞争力却在降低，葡萄酒产业缺乏可持续发展的动力。我们认为，造成这一现象的核心问题是忽略了产业发展与可持续的关系，即单纯强调了葡萄酒产业，特别是葡萄栽培的生产功能，而没有重视其生态功能。

可持续发展理念已成为国际社会的广泛共识，也是我国的基本国策之一。可持续发展的目标必须做到减少资源消耗、改善生态环境和提高生活质量。在推进可持续发展的路径方面，有关国家政府提出现代农业向生态农业转变以建设未来农业的政策，即在强调农业生产功能的同时，更要强调农业的生态功能和景观功能。

在葡萄酒领域，我们提出了经济与生态、文化和娱乐等社会功能共存的理念，以及“强化风格，提高质量，降低成本，节能减排”的可持续、高质量发展路线。所以，目前的共同任务是克服过去出现的作为葡萄酒产业基础的葡萄栽培中的经济与环境的矛盾和对立，并将其转变为葡萄栽培的机遇，实现经济与环境的共赢。因此，需要将生态放在葡萄栽培的突出位置，使之成为未来葡萄栽培的方法、工具和目标。

当前，我国已向全世界承诺了“双碳”目标（二氧化碳排放力争于2030年前达到峰值，努力争取2060年前实现碳中和）。我国已进入老龄化社会，正在建设智慧化国家。在这种背景下，要实现葡萄酒产业的可持续、高质量发展，就应遵循“四非”原则，即不推广使用非生态、非极简、非机械和非智能的技术、设施和设备。

生态葡萄栽培，就是应用农业生态学的原理，将葡萄与其自然环境作为一个整体，研究其中的相互作用、协同演变，以及社会经济环境对其调节控制的规律，促进葡萄产业全面持续发展。因此，无论从技术上还是从土地治理上，都会有两个维度，即企业维度和产区维度。在技术上从企业维度勾画出酿酒葡萄极简化生态栽培技术体系，从产区维度上提出以葡萄生产生态体系为主体的生态治理建议。

在此背景下，在国家重点研发计划项目“宁夏贺兰山东麓葡萄酒产业关键技术研究与示范”等国家、相关部委及宁夏回族自治区项目的支持下，我们通过大量的试验研究，提出以“树形控制＋全面生草＋行内枝条覆盖＋冬季挂（留）枝”为核心的葡萄极简化生态栽培技术体系，并形成了《酿酒葡萄极简化生态栽培手册》一书，以期通过产区政府、葡萄种植者和酒庄的推广与落实，实现产业经济、环境和社会的全面发展。

李　华

2022 年 9 月 9 日

目　录

第 1 章　葡萄极简化生态栽培

葡萄栽培已经存在了大约 9000 年（李华，2008），但在第二次世界大战以后发生了根本性的变化。与所有其他农业形式一样，葡萄种植自第二次世界大战以来经历了一场化学和技术革命，即形成了化学农业（大量使用化肥、农药等化学产品）。这场曾经像天使一样拯救了无数生命的“绿色革命”，虽然对于解决粮食增产问题的贡献毋庸置疑，但是自 20 世纪 90 年代以来，其增产效应趋于暗淡，全球粮食产量增速呈明显下降趋势。而资源投入仍在持续增加，利用效率下降，对生态和资源环境的可持续发展造成的负面效应日益凸显，全世界农业逐渐陷入资源短缺、环境污染和生态平衡破坏等重重危机之中（刘学英，2021；John and Babu，2021）。如果是为了对抗饥荒，这是值得付出的代价。但在葡萄酒领域，选择化学栽培并不是因为饥荒。葡萄酒是一种奢侈品，是用栽培在不适合生产粮食的土地上的葡萄酿造而成的，这样的土地并不缺乏。化学葡萄栽培的成功纯粹是出于商业原因。

（1）种植者的利益：保证收成，增加产量；

（2）农化公司的利益：年复一年地销售尽可能多的产品；

（3）消费者的无差异消费：无所谓葡萄酒是怎么生产的，喝起来是什么味道。

现在人们愈发清楚地认识到，对于许多化学栽培者来说，这只符合他们的短期利益。但只要大多数消费者愿意接受一种平淡无奇的工业化产品，那么大多数葡萄酒都将如此。

化学葡萄栽培通过一系列的有毒喷雾来控制葡萄园的寿命，其目标是通过杀死任何可能对葡萄有害的生物来保持葡萄的健康。在短期内，这可以给种植者带来想要的东西：高产量和低风险。但从长远来看，问题很多。

（1）附带损害：杀虫剂、杀菌剂、除草剂等，都没有很好的针对性。它们也会杀死许多对葡萄有益或必要的生物，尤其是生活在葡萄根部周围、有助于葡萄从土壤中吸收养分的微生物，没有它们，葡萄就无法正常吸收养分（杨广军，2021）。当然，解决办法是进一步喷洒可溶性肥料。

（2）依赖性：葡萄根系会很快上移，分布越来越浅，因为它们不需要下扎来寻找营养和水分，一切都是由上面提供的。土壤也变成了“死土”，仅用于支撑葡萄植株。葡萄植株的长势会迅速变弱，甚至早衰、死亡（何云峰，2021）。在这种情况下，种植者面临两难的问题，如果现在放弃化学援助，其处境将比化学栽培之前更糟糕。

（3）耐药性：许多葡萄害虫和病原菌的生命周期都很短，繁殖能力很强，很快就能够产生耐药性（何云峰，2021）。因此，为了达到同样的防治效果，就不得不使用更多的或更新的农药。

（4）成本：向葡萄园喷洒的所有物质都必须用从这块土地上获得的收入来支付，而农化公司对解决这个问题毫无兴趣，其目标是继续卖出化学品，因为葡萄果农会不断购买更多的化学品。

（5）农残：喷洒在葡萄园的一些物质会出现在收获的葡萄中，也会出现在成品葡萄酒中，导致葡萄与葡萄酒的食品安全问题。残留在环境中还会造成环境污染（何云峰，2021；杨广军，2021）。

综上所述，化学葡萄栽培构建的是只有葡萄的单一生态系统，有益生物大量减少，导致生态系统失衡，土壤肥力下降，植株寿命降低，生态环境被破坏，并危害人类健康，完全是与葡萄和葡萄酒产业高质量、可持续发展的理念背道而驰的。

1.1 葡萄极简化生态栽培的概念

在改善葡萄生产的过程中，应该秉承中国传统哲学思想，即“天人合一”的思想，在发展生产的同时，保持葡萄产业的可持续性（李华和房玉林，2005）。这就需要以农业生态系统的性质及其运行原理来研究、设计和管理葡萄生产系统，使其成为既具有生产力又具有自然资源保存性，同时具有文化敏感性、社会公正性和经济可行性的葡萄生态系统（Gliessman，1998）。这样的葡萄生态系统，是以葡萄为主的动植物群落与它们的物理和化学环境相互作用的结果，用以生产供人类消费的葡萄及其加工产品。一个用于葡萄生产的区域，如葡萄园，是一个复杂的系统，具有在自然条件下发生的生态过程，如营养循环、捕食者/猎物相互作用、竞争、共生、演替变化等（Gliessman，1998）。通过了解这些生态关系和过程，可以控制葡萄生态系统以提高产量和保障生产的可持续性，减少对环境和社会的负面影响，减少外部投入。在葡萄生态系统中，所用的技术应有利于增强系统的功能、保护生物多样性及现有葡萄园资源，推广诸如生草覆盖、绿肥、免耕、生物防治、精准栽培等多功能技术，以同时对葡萄系统的各组成部分产生有利的变化。因此，葡萄极简化生态栽培，就是利用农业生态学的基本原理和方法，根据不同的生态类型和生产目标，确定适当的品种及与之相适应的栽植技术，做到适地适种、科学管理，在保证生态资源永续利用和葡萄植株寿命的前提下，追求葡萄产品在质量和产量上的最大效益。这就需要我们推广亲环境的栽培技术体系，优先使用自然调节机制，使葡萄栽培不仅在经济上充满活力，而且保持其多功能性，特别是在生态、社会、文化和娱乐等方面的功能，尽量降低残留物含量，保护生产者的健康，保持葡萄生态系统及其周边的生物多样性，保持并改善土壤质量，尽量降低对水、土壤和大气的污染（李华和房玉林，2005）。生态栽培，将经济、生态和社会融入葡萄生产经营中，通过在葡萄园中增加有机物和生物多样性，减少合成化学物的投入，保护葡萄、土地和人的健康，同时提高产品的特性和品质（图 1-1）。

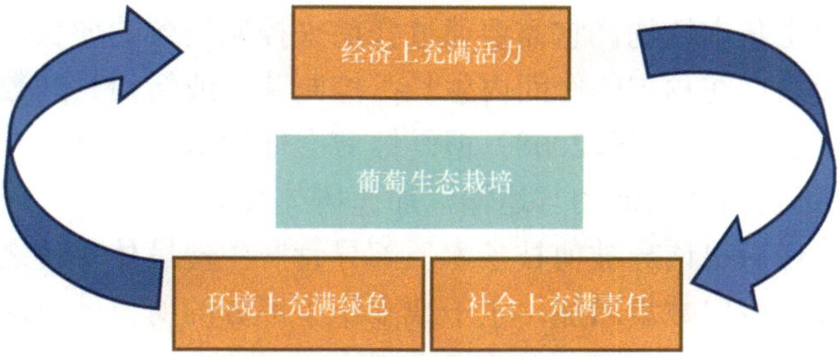

图 1-1　葡萄生态栽培的目标

经济上：企业要真正实现长期的“可持续”，就必须在经济上满足自己及其所有者和员工。企业经济可持续发展包括制订全面的商业计划和研究新的营销策略。

环境上：通过综合农业技术，包括植物覆盖、增加有机物、减少化学合成物的投入、建设相应景观及提高生物多样性等，对葡萄生产生态系统的组成成分产生有利的影响，保护和提高土壤、水和空气质量，以保障环境、葡萄和人的健康。

社会上：人既是企业经营的资产，也是企业经营的重要组成部分和出发点。因此，对社会负责的商业决策应包括公平对待员工和追求积极的社会关系，包括邻里关系、企业间的相互支持等，以促进当地经济的长期发展。

极简化，就是以必要的处理保证葡萄的最佳状态，尽量避免不必要的投入品（农药、化肥、灌溉等）和污染物及对土壤和葡萄生态系统的干扰，尽量减少不必要的处理，尽量缩短各种处理的时间，促进葡萄生产生态系统的健康发展，同时强化产品的风格，提高质量。在葡萄栽培过程中，所有不必要的投入、不必要的处理及延长任何处理的时间，都只能抹杀风格，提高成本，降低质量，污染环境，与可持续发展的理念相悖。从这个意义上讲，极简化也是葡萄生态栽培的重要构成因素（李华和王华，2020）。

1.2　葡萄极简化生态栽培的技术体系

葡萄生态栽培的目的是促进产业经济、环境和社会的全面发展，主要体现在对葡萄、环境和社会的尊重上。根据前期研究结果，我们提出的葡萄极简化生态栽培的技术体系，以“树形控制+全面生草+行内枝条覆盖+冬季挂（留）枝”为核心（李华和王华，2018），强调保护生物多样性，控制和减少化肥、农药的使用，发展生物防治和良好的水资源管理等。其中，前者主要是企业层面的，后者是产区层面的。

1.2.1 树形控制

葡萄是多年生藤本植物，它需要通过修剪来控制枝条的伸长，保持树形，以减缓衰老并且使植株在预定的空间内生长；控制芽（或新梢）的数量，以调节和平衡植株的产量和长势（李华，2008）。但是修剪会促使木质部导管产生侵填体（Sun *et al.*，2006），影响树液的流动与运输，加速树体衰老。

研究表明，修剪可诱导被剪枝条木质部导管产生侵填体并使之堵塞；随着修剪枝年龄的增长，剪口数量增加，主干或多年生部分的剪口处出现不断生长的楔形死组织（硬壁侵填体），最终导致多年生部分的开裂。因此葡萄植株多年生部分越长，新梢树液液流速率越低，降低了植株的水分、营养的输送与分配的功能（Zhao *et al.*，2014），进一步影响光合产物的合成与分配（Nan *et al.*，2014），致使产量和质量降低及植株早衰。

合理的树形是通过修剪实现的。在修剪时，为避免带来的上述问题，必须遵循以下三个原则（图 1-2）。

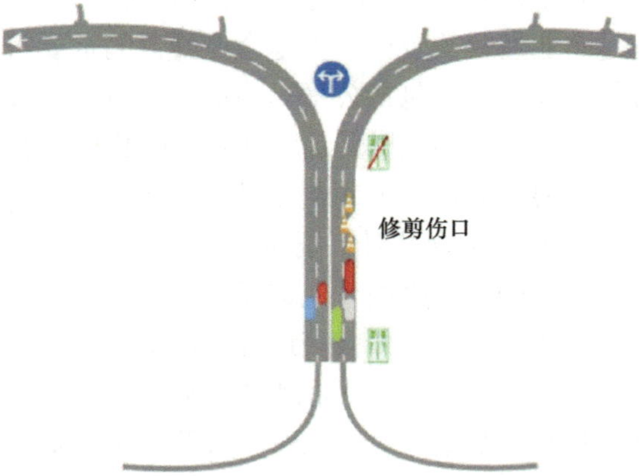

图 1-2 葡萄修剪原理示意图

（1）保证树液的畅通。我们的研究结果表明：葡萄多年生部分越长，分节越多，不仅节区的数量会降低树液液流速率，更重要的是修剪伤口就会越多，其中硬壁侵填体就越多，显著降低树液液流速率、叶片光合同化物产量和浆果糖分积累，植株对同化物在库源器官间分配的调控能力也显著降低，加速植株衰老。据此，我们提出了“葡萄最小化修剪理论”：尽量降低主干（蔓）高度；尽量剪除多年生部分，防止其伸长；尽量减少剪口数量，使结果母枝（1 年生枝）尽量靠近主干（蔓），平拉双臂，使修剪后的植株在设计范围内最小化，以减小运输距离，降低树液液流阻力，提高植株对同化物在库源器官间分配的调控能力，防止植株早衰。其核心是尽量降低多年生部分的比例，减少剪口数量，平拉双臂（李华，2015）。在实际生产中，通过平茬或重剪实现对衰老或长势弱植株的更新复壮，就是这个道理。根据该理论可设计与种植地相适应的整形修剪模式，以实现葡萄栽培的简约化、标准化和机械化（Nan *et al.*，2014；Zhao *et al.*，2014）。

（2）平衡树冠和叶片的空间分布。保证通风透光，提高光合效率，防止病虫害的发生发展，提高叶面喷施的效果，有利于采收。受末端效应的影响，葡萄的树液从树干上来，首先供给枝干的末端。自然地，末梢上的枝条比离树干最近的枝条更容易获得树液。这样离树干最近的芽就可能枯萎，影响枝叶的均匀分布。在这种情况下，就像在臂上某一特定区域由于机械断裂或衰弱缺乏新梢一样，有可能迫使离主干最近部位上的休眠芽发出，而减弱臂末端上新梢的长势或减少其数量，从而进行更新（李华，2015）。

（3）植株和臂的更新。随着时间的推移，植株的臂会枯萎、干死或发生机械损伤，这就需要在靠近树干的地方保留芽以进行更新。一是在修剪时，应优先剪留靠近主干的芽，而不是通常最具活力的端部的芽；二是在老植株（通常 10 年以上）上，注意保留树干上部的芽，因为它们是潜在的更新臂；三是经常更新结果母枝下的多年生部分（基座），防止结果部位上移，并且避免光秃（李华，2015）。

无论任何树形，都应遵循上述三个原则。此外，在修剪时，应保证相邻植株双（单）臂首尾相接，有效利用空间。在此基础上，对葡萄的管理就可以从单株管理变为群体管理，便于集约化、机械化和精准化（李华，2008）。当然，在任何时候都应避免对葡萄进行不必要的处理。

1.2.2　修剪时期

传统上，葡萄的修剪是指冬季修剪。我们的实验结果表明，对于埋土防寒区，应在保证葡萄正常埋土越冬的前提下，尽量推迟到即将埋土时进行修剪，以使葡萄得到充分的抗寒锻炼（李华，2008）。为了让修剪枝能在埋土后挂在架面上充当埋土防寒期的防护林带，同时提高葡萄园的景观价值，应使用埋土后便于架面挂枝的树形和架式（李华，2015；王珊等，2015）。在埋土前也可不修剪，只将要剪留的部分埋土，到翌年出土后、伤流前再进行修剪。

在非埋土防寒区，为了提高葡萄的生态和景观效应，应在春季伤流前进行修剪，即变冬剪为春剪。此外，由于我国大部分葡萄产区（露地栽培）都有倒春寒危害的可能，延迟冬剪还可推迟葡萄萌芽，能部分防止倒春寒的危害（李华，2008）。

春季出土或修剪时，在架面上的每两道钢丝之间将修剪枝剪断，让其掉入种植带内，并进行消毒处理，以实现行内枝条覆盖压草和还田。为了便于枝条下落，同时避免人工绑枝，架面上一道丝以上均为双丝，以便在生长季将新梢夹在双丝之间，使之均匀地分布在架面上（王珊等，2015）。

1.2.3 全面生草

葡萄园的土壤面临着各种各样的问题，如有机质含量低、水土流失、保水保肥能力弱、土壤肥力下降等。许多研究都强调了生草覆盖解决这些问题的能力（Garcial *et al.*，2018）。葡萄园生草技术，不仅改善了葡萄园的微气候环境，控制病虫害，保护生物多样性，而且改善了土壤环境，提高了土壤肥力，促进了根系的生长和吸收活动，提高了树体的光合速率，从而提高了葡萄质量。根据我们的研究结果，葡萄园行间生草最好是自然草，在经过几年的修剪、葡萄和草的相互选择后，就会留下几种优势草种，这也是符合植物群落学原理的（李华，2015；Garcial *et al.*，2018）。

当然，除葡萄园外，在葡萄及其加工企业的园区内，在硬化地面以外进行生草覆盖，不仅有利于保护生态和生物多样性，还能提高其景观价值。

如果葡萄园土壤的砂石、砾石、鹅卵石等含量较多，不宜自然生草，则“全面生草”可变为“全面碎石（砂石、砾石、鹅卵石等）覆盖”。其中最重要的理念是将葡萄的行间看作是便于机械行走的道路系统。在冬季埋土防寒区，行间“道路系统”两侧应留足埋土时的取土带（路肩）。

在落实以上技术措施的基础上，葡萄园的生长季管理就变得极为轻松和简单，即一扶（扶新梢：将由芽眼发出的新梢依次向上直立卡在双丝的中间，使之在架面上分布均匀）；二修（夏季修剪：使叶幕层成为规定高度和厚度的“绿篱”，超过部分全部剪除）；三喷（打药或根外追肥等，根据需要进行叶面喷施）；四剪（行间自然生草：当行间草长到进行生殖生长前时剪草）。

1.2.4 保护和发展生物多样性

孤立的大树或葡萄园边缘的防护林、森林、花卉、墙壁、池塘、河流等，都给葡萄园景观带来了特殊元素，也在葡萄生态方面发挥着重要作用，为整个动植物生物多样性提供了避难所。精心的景观结构布置不仅可以提高园区的观赏性，还可通过稳定斜坡土壤、限制径流、防止污水和除草剂流入河流等保护环境。造林、生草和种花及园林小品等，能改善葡萄园的环境，为游客呈现出环境友好的葡萄栽培形象和独特的景观，实现更多的附加值。因此，在设计和管理时，应从生态、土壤、水面、大气、景观、产品质量及产区和企业形象等多维度进行考虑，如通过绿篱、防护林、草地等将葡萄园与其他公共地带隔离开来；远离污染源；在葡萄园行头、其他非硬化地面、沟坎、护坡等生草覆盖；不使用除草剂；等等（Hall *et al.*，2020；Polyakov *et al.*，2019；Garcial *et al.*，2018； Steel *et al.*，2017）。

正常的有机物投入可以改善土壤结构，增加保水保肥能力，防止土壤流失和板结，支撑健康土壤微生物群体的发展。一些做法，如枝条还田、施用绿肥、免耕、使用有机土壤改良剂等，可以维持或提高土壤的有机质含量。引入豆科植物作为生草覆盖植物，不仅可以固氮，还可以作为绿肥（李华，2008；Garcial *et al.*，2018）。

此外，产区政府和相关部门应采取有力措施，有效控制和减少化肥、农药的使用，推广节水灌溉和生物防治，推进精准葡萄栽培等，以保持土壤肥力和维持土壤的自然功能，在满足葡萄需求、保证质量和产量的前提下，尽量减少对自然环境的泄漏和污染，保持和改善葡萄生产生态系统（Garinia *et al.*，2017）。Alteri（2002）报道，利用农业生态技术优化农业生态系统，具体包括有机质的积累和养分循环、土壤生物活性、自然防治机制（抑制病害、害虫的生物防治、控制杂草）、资源保护与再生（土壤、水、生物等）及农业生物多样性的普遍增强及其各组成部分的协同作用五个方面。

总之，葡萄极简化生态栽培，是以保持和改善葡萄生产生态系统为目标，以生物相互作用和利用生态系统功能及自然资源所提供的潜力为基础，在保持其质量和数量更新能力的同时，通过提高附加值，减少水、肥料、农药、人力的投入和生产能耗，提高企业和产区的竞争力和经济效益，同时减缓和适应气候变化的影响（李华和王华，2020；Han *et al.*，2021）。

1.3 葡萄生产生态系统是以土地为基础的系统治理

葡萄生产生态系统的每一个构成组分的发展都必须根据具体情况加以考虑，这取决于土壤和气候条件、社会经济结构和市场机会等，同时也取决于农民的生活质量目标。因此，向葡萄生态的转变，不仅需要葡萄种植者积极落实葡萄极简化生态栽培技术体系，还必须在产区一级的土地治理上加以考虑。事实上，水资源的管理、生物地球化学循环、病虫害流行等所涉及的范围比葡萄园要大得多。良好的生态功能管理需要农业生态基础设施的存在。如果这些基础设施不存在，或由于如土地合并等因素而被破坏，则应考虑修建或重建。再比如，全流域的水资源管理等，都需要在政府一级进行综合规划和布局。因此，要推进葡萄生产生态系统建设和完善，企业（农场）的土地和产区的辖区必须以一致的方式整合。这就需要产区政府及其相关部门在产业规划、相关政策、社会化培训和服务体系等方面，加大葡萄生产生态系统建设的力度，并使之成为全社会和全产业的共同理念。所以，只有地方政府才能完成土地的系统治理。

例如，爬地龙栽培模式在埋土防寒期间，可以实现将修剪枝条挂在架面上形成风障而起到防护林的作用。根据我们在宁夏玉泉营的试验结果（王珊等，2015），在埋土防寒期刮风时，挂枝葡萄园距地表高度 5～150cm 的总输沙量比对照高 39.0%，相当于减少扬沙 15.43g/cm^2。如果按宁夏酿酒葡萄面积 60 万亩[①]计算，则在埋土防寒期中每次起风能减少扬沙 6172 万 t。因此，爬地龙栽培模式在埋土防寒期挂枝形成的风障，在保护地表、减少风蚀、降低沙漠化程度的同时，还保证了葡萄园的观赏性。如果地方政府能够出台相应政策，推进这样的研究成果落地转化，将会带来很大的社会、生态和经济效益。

目前，可持续发展理念已成为国际社会的广泛共识，也是我国的基本国策之一。在葡萄栽培领域，要实现可持续发展，就必须建立和完善葡萄生产生态系统。从技术层面上，以必要的处理保证葡萄的最佳状态，尽量避免不必要的投入品（农药、化肥、灌溉等）和污染物及对土壤和环境的干扰，尽量减少不必要的处理，尽量缩短各种处理的时间，促进葡萄生产生态系统的健康发展，同时强化产品的风格，提高质量，就可简化为以“树形控制+全面生草+行内枝条覆盖+冬季挂（留）枝”（图 1-3）为核心的葡萄极简化生态栽培技术体系。当然，随着对葡萄、农业生态学研究的不断进步，该技术体系也会不断发展和完善。

树形控制　　全面生草、行内枝条覆盖　　冬季挂(留)枝

图 1-3　葡萄极简化栽培体系

建立和完善葡萄生产生态体系，不仅需要葡萄种植者积极落实葡萄极简化生态栽培技术体系，产区政府及相关部门还必须在产业规划、相关政策、社会化培训和服务体系等方面，加大葡萄生产生态系统建设的力度，并使之成为全社会和全产业的共同理念，以促进产业经济、环境和社会的全面发展。

---

① 1 亩≈666.67m^2。

主要参考文献

何云峰. 2021. 农药的危害性及绿色植保技术研究. 农业开发与装备, 1: 94-95

李华. 2008. 葡萄栽培学. 北京: 中国农业出版社

李华. 2015. 中国冬季埋土防寒区葡萄种植模式“爬地龙”的整形与修剪. 杨凌: 西北农林科技大学出版社

李华, 房玉林. 2005. 论葡萄产业可持续发展模式的目标——优质、稳产、长寿、美观. 科技导报, 23(9): 20-22

李华, 王华. 2018. 一种适应我国埋土防寒区可持续葡萄栽培模式. 中外葡萄与葡萄酒, 6: 68-73

李华, 王华. 2020. 极简化生态葡萄栽培. 中外葡萄与葡萄酒, 4: 47-51

刘学英. 2021. 一半是天使, 一半是魔鬼. 生命世界, 2(15): 12-13

王珊, 李华, 王华. 2015. 埋土防寒区葡萄冬剪后挂枝的防风效果. 农业工程学报, 31(12): 206-212

杨广军. 2021. 农药的危害性及绿色植保技术探讨. 农业开发与装备, 4: 132-133

Alteri M. A. 2002. Agroecology: the science of natural resource management for poor farmers in marginal environments. Agriculture, Ecosystems and Environment, 93: 1-24

Garcial L., Celette F., Gary C., *et al.* 2018. Management of service crops for the provision of ecosystem services in vineyards: a review. Agriculture, Ecosystems and Environment, 251: 158-170

Garinia C. S., Vanwinderkens F., Scholberg, J. M. S., *et al.* 2017. Drivers of adoption of agroecological practices for winegrowers and influence from policies in the province of Trento, Italy. Land Use Policy, 68: 200-211

Gliessman S. R. 1998. Agroecology: Ecological Process in Sustainable Agriculture. Boca Raton: CRC Press.

Hall R. M., Penke N., Kriechbaum M., *et al.* 2020.Vegetation management intensity and landscape diversity alter plant species richness, functional traits and community composition across European vineyards. Agricultural Systems, 177: 102706. doi: 10.1016/j.agsy.2019.102706

Han X., Xue T., Liu X., *et al.* 2021. A sustainable viticulture method adapted to the cold climate zone in China. Horticulturae, 7: 150. https://doi.org/10.3390/horticulturae7060150

John D. A., Babu G. R. 2021. Lessons from the aftermaths of green revolution on food system and health. Frontiers in Sustainable Food Systems, 5: 1-6

Nan L. J., Zhao X. H., Liu L. Y., *et al.* 2014. A comparative ecophysiology of Ecolly (*Vitis vinifera* L.) under the traditional independent long-system pruning and crawled cordon training. Pakistan Journal of Botany, 46(2): 489-496

Polyakov A. Y., Weller T. J., Tietje W. D. 2019. Remnant trees increase bat activity and facilitate the use of vineyards by edge-space bats. Agriculture. Ecosystems and Environment, 281: 56-63

Steel Z. L., Steel A. E., Williams J. N., *et al.* 2017. Patterns of bird diversity and habitat use in mixed vineyard-matorral landscapes of Central Chile. Ecological Indicators, 73: 345-357

Sun Q., Rost T. L., Matthews M. A. 2006. Pruning-induced tylose development in stems of current-year shoots of *Vitis vinifera* (Vitaceae). American Journal of Botany, 93(11): 1567-1576

Zhao X. H., Liu L. Y., Nan L. J., *et al.* 2014. Development of tyloses in the xylem vessels of meili grapevine and their effect on water transportation. Russian Journal of Plant Physiology, 61(2): 194-203

第 2 章　适应我国埋土防寒区的爬地龙栽培模式

我国酿酒葡萄栽培主要集中在干旱、半干旱地区，与沙漠化土地弧形地带大致吻合（王珊等，2015）。我国优良的酿酒葡萄品种绝大多数属于喜温的欧亚种葡萄（*Vitis vinifera*），冬季易受低温、干旱、气温突变等各种不利环境因素的影响，面临严重的霜冻和枝条抽干的风险，在北方冬季绝对最低气温低于–15℃时必须埋土防寒，防止抽干，以确保其安全越冬。而国际上其他主要葡萄与葡萄酒产区基本上不存在冬季埋土防寒问题（李华和王华，2015）。我国的葡萄气候区划表明，全国 90%以上的酿酒葡萄栽培区需要埋土防寒，且埋土防寒时间最长可达半年（李华和王华，2015；王蕾等，2017）。因此，研究适应我国埋土防寒区葡萄可持续栽培模式就显得尤为重要（李华和王华，2018）。

为了适应埋土防寒区葡萄的冬季下架埋土，传统的葡萄栽培多采用无主干整形方式，如多主蔓扇形（multiple cordons fan training，MCF）、“V”形、“U”形和龙干形（cordon training，CT）等，且实行行间清耕的土壤管理模式。其问题在于：葡萄埋土前需要下架、春季出土上架，易造成植株机械损伤，导致葡萄园缺株断垄，补苗很难成活，从而浪费土地资源，降低单位面积产量；水土流失严重，不利于生态条件的改善；操作烦琐，劳动强度高；不利于机械化作业，效率低下；植株老化快，架面郁闭，病虫害严重；结果部位不整齐，成熟度不一，果品质量差（李华，2015）；埋土防寒期间地表裸露，极易引发土壤风蚀扬沙，生态恶化（王珊等，2015）。因此，这些栽培方式完全不适应我国葡萄与葡萄酒产业可持续发展的要求。

随着生态文明理念不断深入人心，人们对环境越来越关心，如葡萄园的美观度、对周边环境的影响及对当地风土的贡献等，赋予人们更多的体验及感受（李华和王华，2016），这些与葡萄酒外在质量有关的环境因子也变得越来越重要。这就要求我们研究推广符合我国埋土防寒区可持续发展要求的葡萄栽培模式。

2.1　埋土防寒区葡萄可持续栽培的要求

葡萄可持续栽培的目的和任务是根据不同的生态类型，确定适当的品种及与之相适应的栽植技术，做到适地适种、科学管理，在保证生态资源永续利用和葡萄植株寿命的前提下，追求葡萄产品在质量和产量上的最大效益。葡萄可持续栽培的概念必须满足生产高质量的葡萄和葡萄酒、尊重人和环境、保证葡萄与葡萄酒长期的经济效益三方面的要求，也就是利用自然调节机制和资源取代任何不利于环境的手段，长期保证高质量葡萄的可持续生产系统。这样，就可以将葡萄可持续栽培的目标定义为优质、稳产、长寿和美观（李华和房玉林，2005）。

在葡萄可持续栽培的模式中，根据葡萄所要求的生态条件进行科学的产业布局，通过合理整形修剪等手段保证葡萄的质量，这是葡萄与葡萄酒产业可持续发展的基础；只有保持葡萄的稳产，才能保证以葡萄酒为代表的葡萄产品的质量及其稳定性，长期保障葡萄与葡萄酒产业的最佳经济效益；只有通过产量限制、合理水肥管理、科学植保等措施延长葡萄植株的寿命，才能在提高土地利用率、保证葡萄与葡萄酒产业长期效益的同时，不断提高产品质量，生产出能够诠释产地特质、风格独特、无法模仿的优质产品，提高土地的价值；只有保持葡萄园美丽的景观，才能使葡萄与葡萄酒产业不仅在经济上充满活力，而且保持其多功能性，特别是在社会、文化和娱乐等方面的功能，促进产地的繁荣和国土资源的合理利用，实现土地增值和农民增收（李华和房玉林，2005）。

埋土防寒区的葡萄栽培模式必须保证：便于冬季埋土和春季出土，避免冬季下架和春季上架；技术简单、快速，便于省力化和机械化作业；提高葡萄质量和稳定葡萄产量；改善和修复生态条件；保障葡萄园的生物多样性；保障葡萄植株的长寿和葡萄园的景观（李华，2015）。

2.2　符合我国埋土防寒区可持续发展要求的葡萄栽培模式——爬地龙

为了适应葡萄栽培的机械化、智慧化需求，改善葡萄园的景观度，实现葡萄酒产业可持续、高质量发展，根据我们提出的葡萄最小化修剪的库源关系调控理论（南立军，2013；Nan *et al.*，2014；Zhao *et al.*，2014）、我国冬季埋土防寒区葡萄种植限制性因素及其应对策略和葡萄园生草制的分析（李华，2015），以葡萄生产的机械化为前提，以优质、稳产、长寿、美观的葡萄生产可持续发展为目标（李华和房玉林，2005），我们设计了符合埋土防寒区可持续发展要求的葡萄栽培模式——爬地龙栽培模式（crawled cordon mode，CCM），并进行持续 20 多年的研究和推广，取得了显著的效果。爬地龙栽培模式包括爬地龙整形（crawled cordon training，CCT）、物理疏花疏果、全面生草、行内枝条覆盖、冬季挂（留）枝等，以满足极简化生态栽培的要求（Han *et al.*，2021）。

2.2.1 爬地龙整形的基础

树形对葡萄的生长发育、产量和质量形成及机械化作业起着关键作用。葡萄的树形及其控制是通过修剪来实现的，它可以控制枝条的伸长，保持树形，以减缓衰老并且使植株在预定的空间内生长，还可以控制芽（或新梢）的数量，以调节和平衡植株的产量和长势（李华，2008）。然而，不适当修剪造成的机械损伤可能会促进枝条中侵填体的形成，影响汁液的流动和运输，加速树体的衰老（Sun *et al.*, 2006）。Zhao 等（2014）对侵填体的形成过程及影响因素进行了系统的研究。结果表明，侵填体在修剪诱导下由轴向薄壁细胞和射线薄壁细胞进入导管腔发展而成。通常情况下，在没有修剪等机械伤害情况下，导管腔内没有侵填体产生[图 2-1(a)]。

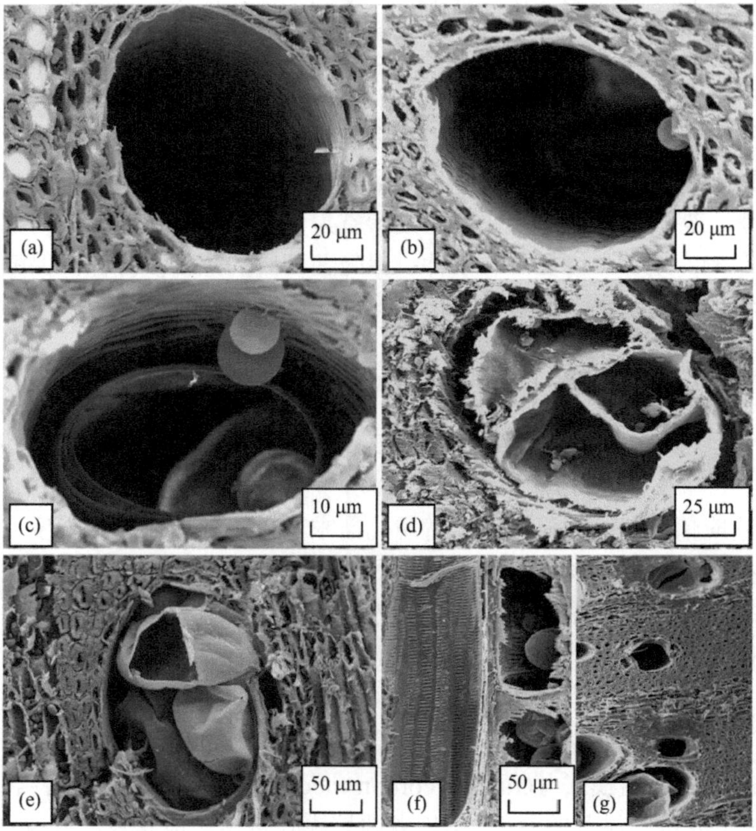

图 2-1　新梢修剪诱导侵填体在单个导管中产生和发展的扫描电镜照片

（a）未修剪的导管腔内无侵填体产生；（b）修剪诱导 1 天后，一个小的侵填体在导管腔内产生；（c）随着修剪诱导时间的延长，侵填体在导管腔内逐渐增多；（d）侵填体核分化产生侵填体；（e）随着修剪诱导时间的延长，侵填体体积和数目不断增加，堵塞整个导管；（f）侵填体的产生不会诱使横向相邻的导管间产生侵填体，但会诱使纵向相邻的导管间产生侵填体；（g）在导管腔内产生的胶质物质但是，一旦遇到修剪等机械伤害，射线细胞次生壁内由微纤丝构成的双层结构能扩展进入纹孔室，当纹孔膜及膜外覆盖物破裂之后，双层突起物便扩展进入导管内而成为侵填体［图 2-1（b）、（c）、（d）、（f）、（g）］。侵填体的产生会阻塞植株的木质部导管，降低或消除功能性导管的树液输送功能，阻碍新梢树液的流动，减缓树液的流动速率（Han *et al.*，2021）。

与侵填体一样，树脂和凝胶的分泌物和愈合组织的形态也是对修剪创伤的普遍响应。未修剪的新梢节间样品中没有观察到胶质物质或者侵填体的产生［图 2-2（a）］。而修剪诱导后，新梢剪口处导管在夏季常产生大量侵填体［图 2-2（c）］，少量导管会产生胶质物质［图 2-2（b）］。研究还发现，侵填体在近髓心处含量最丰富，但也可存在于水分的输导作用被减少的靠近树皮的导管之中。在自然生长的葡萄次生木质部中观察到侵填体的形成是很慢的，而且量较小，一般不会堵塞导管腔。田间调查发现，部分葡萄主干沿剪口开裂［图 2-2（d）］。这可能是由于修剪产生大量侵填体，部分木质部导管输水效率降低甚至完全丧失，致使导管缺水而开裂（Zhao *et al.*，2014）。

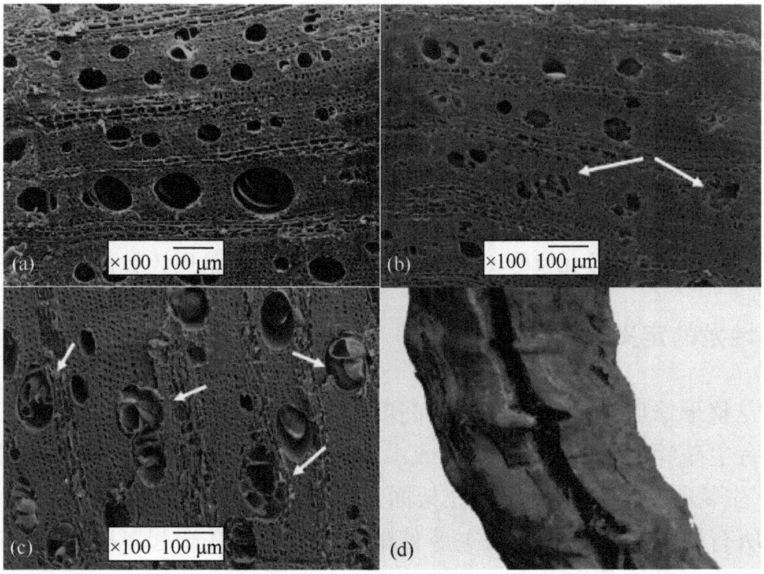

图 2-2　新梢和多年生枝修剪后及未修剪新梢侵填体的产生状况

（a）～（c）剪口顶端扫描电镜照片；（a）未修剪新梢导管腔内未发现侵填体的产生；（b）修剪后的新梢导管中部分产生侵填体和胶质物质；（c）三年生枝修剪后大部分导管腔内产生侵填体；（d）多年生主干沿剪口处开裂照片

构成葡萄枝条节区的细胞不均一，小导管较多，导管迂回盘绕，细胞分化程度也不均一，有的细胞仍处于分化阶段，原生质浓厚，细胞排列方向不规则，增加了单位距离的长度（Gullo *et al.*，2004；Schulte and Brooks，2003）。水分流速降低，在节区进行运输和分配时，各种弯曲程度不同的导管分子和薄壁细胞会增加水分在节区的滞留时间。随着修剪枝年龄的增长，葡萄多年生部分越长，剪口就越多，侵填体入侵的可能性就越大，减少导管和筛管的运输能力，并最终导致多年生部分的开裂（Zhao *et al.*，2014）。除阻碍水分和养分的运输外，不同修剪方法可以改变植株的光合特性和光合产物在新梢、叶片和果穗之间的分配，从而影响葡萄的产量、质量和葡萄植株的寿命（南立军，2013）。

总之，葡萄多年生部分越长，分节就越多。这不仅由于节区数量增加会降低树液液流速率，更重要的是修剪伤口就会越多，其中硬壁侵填体就越多，结果是显著降低树液流速、叶片光合同化物产量和浆果糖分积累，植株对同化物在库源器官间分配的调控能力也显著降低，加速了植株衰老。根据上述研究结果，我们提出了葡萄最小化修剪的库源关系调控理论，其核心是尽量降低主干（蔓）高度；尽量剪除多年生部分，防止其伸长；尽量减少剪口数量，使结果母枝（1 年生枝）尽量靠近主干（蔓），使修剪后的植株在设计范围内最小化，以减少运输距离，降低树液液流阻力，提高植株对同化物在库源器官间分配的调控能力，防止植株早衰（图 2-3）（李华，2015）。

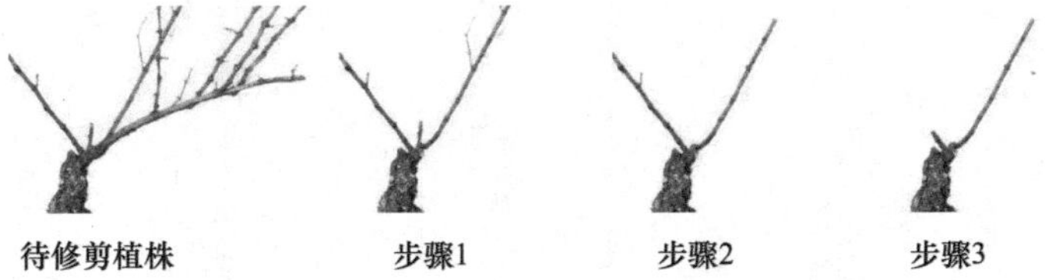

图 2-3　葡萄最小化修剪（以单古约特整形为例）示意图（李华，2015）

2.2.2　爬地龙的定义及实施

爬地龙整形修剪是在距地面一定高度处，水平培养一条多年生主蔓，冬季短梢修剪（有主蔓爬地龙）（图 2-4），或水平培养一条一年生长梢（无主蔓爬地龙）（图 2-5），生长季将新梢垂直绑缚在架面上。这样冬剪后，在同一定植带（或定植沟）中，所有植株的一年生枝或主蔓首尾相接，连接在一起，就像横卧在地上的长龙一样，故曰爬地龙整形修剪。

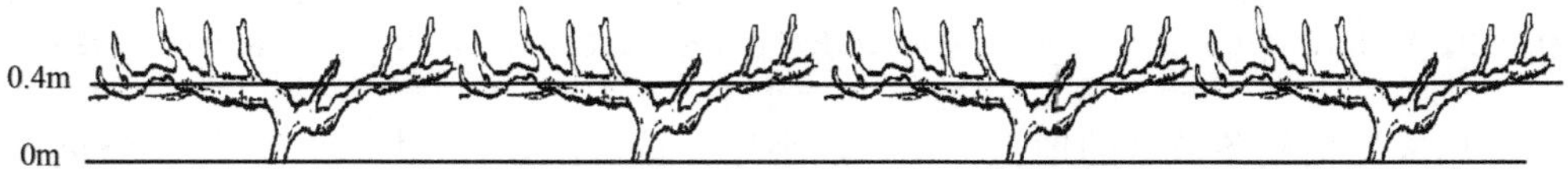

图 2-4　有主蔓爬地龙示意图

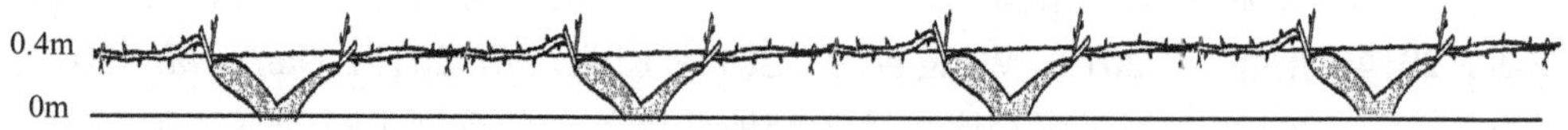

图 2-5　无主蔓爬地龙示意图

冬季埋土防寒区降水量少，气候干燥，根据尽量降低主干的原则，可在葡萄浆果不拖地的前提下，降低结果部位，植株一年生结果母枝（无主蔓爬地龙）或带有 3 芽结果母枝的主蔓（有主蔓爬地龙）被平拉固定在离地面或沟面 30～40cm 的第一道钢丝（承重丝）上（图 2-4 和图 2-5）。

爬地龙架面为篱架形，叶幕高 1.5m、宽 0.5m，行内枝条覆盖、行间免耕生草（李华，2015），或在不适宜生草的地方行间碎石覆盖。我们的研究表明，根据植物群落学原理，行间生草最好采用自然生草法，即葡萄园长出的各种草，通过自然竞争和刈割，最后自然选留几种适于当地自然条件的草种，这是一种省时省力的生草法（李华，2008）。

冬剪后将剪留枝固定在第一道钢丝上埋土，将修剪枝留在架面上形成风障，从而避免了埋土时繁重的下架及植株的机械损伤，并可实现埋土的机械化作业；修剪枝留在架面上形成的风障，既防止了埋土防寒期土壤风蚀扬沙、破坏生态，又提高了葡萄园的观赏度。也可在冬季不修剪埋土时只将翌年需保留的部分埋土，使一年生枝留在架面上，待翌年春季出土后、伤流前进行修剪，同样可达到上述目的。

春季出土可实现机械化作业；出土后不用上架，将留在架面上的修剪枝在各道钢丝之间截断，使之落在行内，进行行内覆盖，既防止了当年行内长草，又实现了枝条还田（Han *et al.*，2021）。

第二和第三道为双丝，这样在生长季的管理就变成了以下简单轻松并可全程机械化的管理。

一扶：是指新梢绑缚。将由芽眼发出的新梢依次向上直立卡在第二、第三道双丝的中间，使之在架面上分布均匀。

二修：是指夏季修剪。使叶幕层成为离地面高 1.5m、厚 0.5m 的“绿篱”，超过部分全部剪除。

三喷：是指打药或根外追肥等。根据需要进行叶面喷施。

四剪：是指行间自然生草。当行间草生长超过 10～20cm 时（根据地形等因素而定）进行剪草（李华，2015）。

2.2.3　爬地龙整形修剪对葡萄产量和质量、植株寿命及劳动效率的影响

以我国埋土防寒区传统葡萄栽培的多主蔓扇形、“V”形、“U”形和龙干形等

架式为对照，对爬地龙栽培新架式进行了多点多年的试验研究。结果表明（南立军等，2014；张静等，2013；Wang *et al.*，2016；Liu *et al.*，2015；Nan *et al.*，2013；Zhao *et al.*，2013），与对照相比，由于爬地龙避免了冬季埋土时的下架和春季出土后的上架，防止了对葡萄植株的机械损伤，可延长植株寿命 8～10 年；爬地龙在冬季埋土时只需埋单一的主蔓或/和单一的一年生枝，提高埋土效率 72%，降低冻害发生率 48%；爬地龙冬剪时每年留芽量一致，且结果枝组或/和结果母枝被平拉固定在第一道丝上，萌芽整齐，坐果部位降低且一致，产量稳定性提高 30%，浆果成熟一致性提高 65%，葡萄质量（以成熟系数表示）提高 30%，葡萄酒质量及其稳定性提高；爬地龙除实现了冬季埋土和春季出土的机械化外，由于在生长季由对照的单株管理变为绿篱式群体管理，实现了全程机械化，劳动效率提高了 217%。

2.2.4 物理疏花疏果

酿酒葡萄果穗一般较为紧凑，易发生病害，并在一定程度上存在成熟度不均一、颜色香气发展不丰富、次生代谢产物积累不够等问题。我们研究发现，酿酒葡萄果穗中残留的未坐果的花、受精不良的浆果、脱落的花帽等很容易感染病害，且紧穗型品种在封穗后到采收期间防治药物难以进到果穗中。这些残留物一旦染病，会导致果穗腐烂，进而成为传染源，危害葡萄生产（郑怀堂等，2018）。

为解决以上问题，我们提出了省力化物理疏花疏果的方法，即在葡萄浆果坐果后达到绿豆大小时，利用喷药机的风机吹掉果穗中残留的未坐果的花、受精不良的浆果、脱落的花帽等，在落花后到封穗前连续处理 3 次，可以显著降低果穗病害发生的程度：不处理对照的灰霉病发病率为 21.7%，经省力化物理疏花疏果处理后发病率大大降低，降低幅度在 70%以上。另外，省力化物理疏花疏果对果实霜霉病和白腐病也起到一定的抑制作用。该措施的成本仅为 1.2 元/亩，符合高效简便的生产原则，且没有农药残留的风险（郑怀堂等，2018）。

2.2.5 埋土防寒区葡萄冬剪后挂枝的防风效果

多主蔓扇形、“V”形、“U”形和龙干形等架式，由于在春季出土后需将多年生部位扶在架面上，其新梢可从整个架面的各个部位发出，在冬季修剪后，由于修剪的部位高低不等，不可能将修剪枝挂在架面上以形成风障。在埋土防寒期间，致使葡萄园土壤裸露，不仅极易引发土壤风蚀扬沙，破坏生态，还破坏了葡萄园的自然景观（图 2-6）（王珊等，2015）。

爬地龙葡萄植株为无主干的近地双臂或单臂整形，地上部为立架形，葡萄生长季可形成类似篱笆的叶幕，高 1.5m、宽 0.5m，与传统栽培模式的区别是冬剪后的枝条在埋土防寒期持续悬挂在钢丝上形成风障（图 2-7），在保护地表、减少风

图 2-6　冬季埋土

图 2-7　冬季挂（留）枝

蚀、降低沙漠化程度的同时，保证葡萄园的观赏性。到翌年葡萄植株出土后，将留在架面上的修剪枝在各道丝之间截断，使之落在行内，覆盖在地面上，既防止了当年行内杂草生长，又实现了枝条还田（Wang *et al.*，2016）。

为了改善葡萄传统栽培方式埋土防寒期间地表裸露导致的风蚀状况，我们研究了爬地龙栽培模式下，葡萄冬剪后枝条悬挂在架面上形成风障的防风阻沙效果。结果表明：此防护措施的透光疏透度值 75.6%分布在 0.48～0.68，均值为 0.58，确定为通风结构；分析风速与防护长度的关系，得到 1m 高度处风速在途经风障时的变化过程：遇风障减弱、集流加速、迅速减弱、恢复和背风侧消减；在风障中距迎风侧边缘 34m 处风速达到最低值，较旷野风速值减少 84.20%，防风效能达 80.72%；从背风侧风障边缘到距离边缘 34m 处，均属于相对有效防护距离以内，防风效能均值达 40.94%；该研究中葡萄园的输沙量沿高度分布遵循幂函数，输沙量均集中在近地面，挂枝的距地表高度 5～150cm 的总输沙量比对照高 39.0%（王珊等，2015；Han *et al.*，2021），防扬沙效果极为显著。

2.2.6 行间生草对冬季埋土防寒区葡萄栽培的影响

我国葡萄栽培埋土防寒区主要集中在干旱半干旱地区，也是我国水土流失最严重的地区之一，生态环境极其脆弱。近年来，保护性耕作技术的研究和应用，对于减少泥沙流失、节水抗旱、提高土壤水分利用效率及作物产量和品质、提高资源利用效率和促进农业可持续发展具有重要的意义。我国葡萄与葡萄酒产业应在葡萄产业可持续发展的前提下，对生态条件加以利用的同时，在葡萄园土壤管理方式上应该采取相应的保护性耕作措施，从传统的清耕法转向生草覆盖法（李华，2015）。所以我们将行间生草作为爬地龙栽培模式的重要组成部分。在研究推广爬地龙栽培新架式的同时，对葡萄园行间生草进行了多点多年的试验研究。结果表明，与清耕相比，葡萄园行间生草显著提高了土壤微生物的活性和有机质含量，改善了土壤结构和葡萄园的微气候（惠竹梅等，2011a，2011b）；有效降低了植株的生长势（李华，2008；惠竹梅等，2004b）；提高了葡萄和葡萄酒的质量（惠竹梅等，2004a；Xi et *al.*，2010，2011）。总之，在我国冬季埋土防寒区，葡萄园生草技术不仅改善了葡萄园的微气候环境，而且改善了土壤环境，促进根系的生长和吸收活动，提高了树体的光合速率，从而提高了葡萄和葡萄酒的质量（李华，2002；Han *et al.*，2021）。

2.3 基于爬地龙的埋土防寒区免埋栽培技术

葡萄植株冬季埋土、春季出土会大量增加劳动强度和成本，传统种植模式难以实现机械化埋土和出土，这是我国酿酒葡萄栽培可持续发展的重要限制因素之一。此外，冬季埋土会严重破坏土壤表层结构，每年冬春季表层土壤裸露时间长达 6 个月，葡萄种植区发生土壤风蚀的风险很高。因此，在我国酿酒葡萄主产区冬季采用其他替代措施保护树体安全越冬具有重要的栽培学、经济学和生态学意义。

葡萄越冬保护的研究多围绕抗寒品种和砧木的筛选、不同埋土方式效果比较等方面。我们在研发和推广爬地龙栽培模式的基础上，采用自主研发的生物可降解液态膜（biodegradable liquid film，BLF）代替传统埋土越冬措施。生物可降解液态膜基料为农用乳化沥青，由腐殖酸类大分子物质加悬浮剂、凝固剂，以及可供作物吸收的其他营养物质制成。喷施后可以迅速在葡萄枝条表面形成胶结薄膜，类似于一层物理屏障，减少了枝条与外界环境水分的交换，降低了外界大风环境对葡萄植株的影响，有效防止枝条抽干，同时也可以缓解葡萄植株在低温环境中由于组织结冰而造成的伤害，从而保护植株安全越冬。喷施在葡萄园土壤表面的可降解液态膜快速形成胶结薄膜后能显著降低土壤风蚀。另外，喷施的可降解液态膜能够自然降解，不会造成环境污染。生产上一般在冬季葡萄叶片落完后开始喷施，喷施的位置是植株树冠下部计划剪留的结果枝组和定植带土壤表面，使用配有专用喷头的移动机载喷雾器进行喷施，亩均使用量为 10～12kg（Han *et al.*，2021；Xue *et al.*，2019）。

我们在山西夏县以爬地龙栽培模式的‘赤霞珠’葡萄为材料，进行了埋土防寒不挂枝和喷施生物可降解液态膜加挂枝（免埋栽培措施）两种处理，分析不同越冬措施对越冬后葡萄产量与品质的影响。结果表明，与对照比较，免埋栽培措施延迟了葡萄萌芽 7 天左右，但是植株后续的生长进程与传统埋土措施间没有明显差异（表 2-1）。因此，喷施可降解液态膜处理在保护葡萄安全越冬的同时也在一定程度上具有避免春季晚霜伤害的潜在作用。免埋栽培措施显著提高了葡萄皮中除类黄酮外其他酚类物质和单宁与花色苷的含量，显著降低了葡萄籽中各酚类物质和单宁的含量（表 2-2、表 2-3），各酚类物质含量的变化可能与之前研究中提出的可降解液态膜改善土壤结构、增温保水等作用有关（Han *et al.*，2022）。并且免埋措施可降低越冬成本约 42.04%，提高葡萄产量约 2.61%，经济效益增加明显（韩星等，2018）。

表 2-1　埋土与免埋处理‘赤霞珠’萌芽率和物候期比较

处理	萌芽率/%	萌芽期	开花期	果实成熟期	枝条成熟期
埋土 CK	94	3 月 28 日	5 月 10 日	9 月 20 日	8 月 20 日
免埋 BLF	92	4 月 4 日	5 月 10 日	9 月 20 日	8 月 20 日

表 2-2　埋土与免埋处理‘赤霞珠’果皮酚类物质含量比较（单位：mg/g）

处理	类黄酮	总酚	黄烷醇	单宁	花色苷
埋土 CK	51.46±1.16a	15.85±0.06b	7.62±0.07b	14.78±0.02b	7.09±0.02b
免埋 BLF	51.09±0.04a	33.20±0.29a	11.97±0.01a	26.38±0.04a	12.82±0.02a

注：同列字母不同表示差异显著（$P<0.05$）

表 2-3　埋土与免埋处理‘赤霞珠’种子酚类物质含量比较（单位：mg/g）

处理	类黄酮	总酚	黄烷醇	单宁
埋土 CK	97.31±3.42a	120.76±0.08a	57.67±0.19a	122.63±0.19a
免埋 BLF	74.81±1.15b	53.16±0.27b	54.79±0.08b	61.42±0.29b

注：同列字母不同表示差异显著（$P<0.05$）

在葡萄枝条和土壤表面喷施生物可降解液态膜后 5～6 个月内会完全降解，不会造成果实和土壤中重金属残留、水中苯并芘（BaP）残留，土壤中 BaP 会随着液态膜的降解而逐渐消失（韩星等，2018）。生物可降解液态膜处理能提高葡萄园不同深度土层温度和湿度，尤其对春季土壤增温效果最好，上午不同深度土层温度高于对照 0.2～0.5℃；风洞模拟条件下，喷施液态膜可以有效减少土壤风蚀量，仅为对照的 14.22%，并能有效阻止风蚀物上扬，减弱风沙流的危害（薛婷婷等，2018；薛婷婷，2019）。

在冬季落叶后使用喷施生物可降解液态膜进行免埋越冬栽培，由于冬季不需要下架埋土，为了保证葡萄植株在生长季第一道丝以下的通风透光，同时便于操作，可以适当提高爬地龙整形第一道丝的高度。此外，最好不要在冬季修剪，将冬剪时间推至翌年春天伤流以前，将冬剪与修剪枝行内覆盖、还田一并进行，减少操作次数，同时可使一年生枝在冬季形成风障，保护生态，提高葡萄园的景观度。

根据目前的试验结果，在冬季落叶后使用喷施生物可降解液态膜进行免埋越冬栽培，只能在冬季绝对低温高于–25℃的地区实施。

可持续发展理念已成为国际社会的广泛共识，也是我国的基本国策之一。我国的酿酒葡萄栽培区 90%以上的区域需要冬季埋土防寒，而传统的葡萄栽培模式，由于以上所述的各种原因不适应我国冬季埋土防寒区葡萄可持续栽培的要求。为此，根据我们提出的葡萄最小化修剪的库源关系调控理论、我国冬季埋土防寒区葡萄种植限制性因素及其应对策略和葡萄园生草制的分析，以葡萄生产的机械化为前提，以优质、稳产、长寿、美观的葡萄生产可持续发展目标，设计了符合埋土防寒区可持续发展要求的葡萄栽培模式——爬地龙栽培模式。经过持续 20 多年的研究和推广，该模式基本能满足我国埋土防寒区栽培葡萄自然、生态和人文需求，达到“优质、稳产、长寿、美观”的葡萄可持续发展的要求。在该模式的基础上，我们将进一步研究免埋技术和基于自然调节机制的技术，以保障葡萄栽培及相关生态系统的多样性，尽量减少投入品和能源的使用，保护和改善葡萄园的景观，实现葡萄与葡萄酒产业“强化风格、提高质量、降低成本、节能减排”的目标。

主要参考文献

韩星, 薛婷婷, 郑怀堂, 等. 2018. 冬季免埋防寒栽培措施对酿酒葡萄产量与品质的影响. 中外葡萄与葡萄酒, 6: 1-5

惠竹梅, 李华, 张振文, 等. 2004a. 行间生草对葡萄园微气候和葡萄酒品质的影响. 西北农林科技大学学报(自然科学版), 32(10): 33-37

惠竹梅, 李华, 张振文, 等. 2004b. 园艺学进展——葡萄园行间生草对植株生长的影响. 西安: 陕西科学技术出版社: 204-208

惠竹梅, 李华, 周攀, 等. 2011a. 行间生草对葡萄园土壤水分含量及贮水量变化的影响. 草业学报, 20(1): 62-68.

惠竹梅, 岳泰新, 张瑾, 等. 2011b. 西北半干旱区葡萄园生草体系中土壤生物学特性与土壤养分的关系. 中国农业科学, 44(11): 2310-2317

李华. 2002. 葡萄集约化栽培手册. 西安: 西安地图出版社

李华. 2008. 葡萄栽培学. 北京: 中国农业出版社

李华. 2015. 中国冬季埋土防寒区葡萄种植模式“爬地龙”的整形与修剪. 杨凌: 西北农林科技大学出版社

李华, 房玉林. 2005. 论葡萄产业可持续发展模式的目标——优质、稳产、长寿、美观. 科技导报, 23(9): 20-22

李华, 王华. 2015. 我国葡萄气候区划. 杨凌: 西北农林科技大学出版社

李华, 王华. 2016. 论我国葡萄酒产业的生态文明建设. 中外葡萄与葡萄酒, (1): 52-55

李华, 王华. 2018. 一种适应我国埋土防寒区可持续葡萄栽培模式. 中外葡萄与葡萄酒, 6: 68-73

南立军. 2013. 埋土防寒地区(合阳)酿酒葡萄品种评价及“爬地龙”栽培模式研究. 西北农林科技大学博士学位论文

南立军, 李雅善, 刘丽媛, 等. 2014. 架式对干白葡萄酒香气成分的影响. 食品科学, 35(4): 101-106

王蕾, 李华, 王华. 2017. 我国葡萄气候区划 I : 指标与方法. 科学通报, 62(14): 1527-1538

王珊, 李华, 王华. 2015. 埋土防寒区葡萄冬剪后挂枝的防风效果. 农业工程学报, 31(12): 206-212

薛婷婷. 2019. 葡萄埋土防寒区基于可降解液态地膜的免埋栽培模式关键技术研究. 西北农林科技大学博士学位论文

薛婷婷, 韩星, 张红娟, 等. 2018. 埋土防寒区葡萄不同越冬措施的防风沙效应风洞试验研究. 泥沙研究, 43(5): 58-64

张静, 王华, 董新义, 等. 2013. 埋土防寒区葡萄爬地龙栽培模式经济和技术评价——以山西夏县为例. 西北林学院学报, 28(1): 94-99

郑怀堂, 董新义, 薛婷婷, 等. 2018. 物理方法疏花疏果对酿酒葡萄病害发生的影响. 中外葡萄与葡萄酒, 6: 55-58

Gullo M. A. L., Noval L. C., Salleo S., *et al.* 2004. Hydraulic architecture of plants of *Helianthus annuus* L. cv. Margot: evidence for plant segmentation in herbs. Journal of Experimental Botany, (55): 1549-1556

Han X., Gao F., Wang Y., *et al.* 2022. Effects of biodegradable liquid film on Cabernet Sauvignon (*V. vinifera* L.) grape quality. Agriculture, 12(5): 604. https://doi.org/10.3390/agriculture12050604

Han X., Xue T., Liu X., *et al.* 2021. A sustainable viticulture method adapted to the cold climate zone in China. Horticulturae, 7: 150. https://doi.org/10.3390/horticulturae7060150

Liu L., Nan L., Zhao X., *et al.* 2015. Effects of two training systems on sugar metabolism and related enzymes in cv. Beibinghong (*Vitis amurensis* Rupr.). Canadian Journal of Plant Science, 95: 987-998

Nan L. J., Liu L. Y., Zhao X. H., *et al.* 2013. Effect of alternative new pruning system and harvesting times on aroma compounds of young wines from Ecolly (*Vitis vinifera*) in a new grape growing region of the Weibei Plateau in China. Scientia Horticulturae, 162(3): 181-187

Nan L. J., Zhao X. H., Liu L. Y., *et al.* 2014. A comparative ecophysiology of Ecolly (*Vitis vinifera* L.) under the traditional independent long-system pruning and crawled cordon training. Pakistan Journal of Botany, 46(2): 489-496

Schulte P. J., Brooks R. 2003. Renee Brooks. Branch junctions and the flow of water through xylem in Douglas-fir and ponderosa pine stems. Journal of Experimental Botany, (54): 1597-1605

Sun Q., Rost T. L., Matthews M. A. 2006. Pruning-induced tylose development in stems of current-year shoots of *Vitis vinifera* (Vitaceae). American Journal of Botany, 93: 1567-1576

Wang S., Li H., Ye Q., *et al.* 2016. Winter chill protection of grapevines by burial: evaluation of the crawled cordon training system. Vitis, 55(2): 45-51

Xi Z. M., Tao Y. S., Zhang L., *et al.* 2011. Impact of cover crops in vineyard on the aroma compounds of *Vitis vinifera* L. cv Cabernet Sauvignon wine. Food Chemistry, 127(2): 516-522

Xi Z. M., Zhang Z. W., Cheng Y. F., *et al.* 2010. The effect of vineyard cover crop on main monomeric phenols of grape berry and wine in *Vitis vinifera* L. cv. Cabernet Sauvignon. Agricultural Sciences in China, 9(3): 440-448

Xue T. T., Han X., Zhang, H. J., *et al.* 2019. Effects of a biodegradable liquid film on winter chill protection of winegrape cultivars. Scientia Horticulturae, 246: 398-406

Zhao X. H., Li C. X., Nan L. J., *et al.* 2013. A new grape shaping method in the soil-bury over-wintering zone of arid and semiarid areas. Pakistan Journal of Botany, 45(4): 1307-1314

Zhao X. H., Liu L. Y., Nan L. J., *et al.* 2014. Development of tyloses in the xylem vessels of Meili grapevine and their effect on water transportation. Russian Journal of Plant Physiology, 61: 194-203

第3章　爬地龙栽培规范

3.1　定　　义

3.1.1　爬地龙整形

爬地龙的葡萄植株为无明显主干的近地双臂或单臂整形，植株的臂被平拉固定在离地面或沟面 30～40cm 的第一道钢丝（承重丝）上。这样，在同一定植带（或定植沟）中，所有植株的臂首尾相接，连接在一起，就像爬在地上的长龙一样，故曰爬地龙整形修剪（李华，2015）。

爬地龙（无主蔓）葡萄植株的臂由外侧长梢修剪（图 3-1）后的一年生枝构成，里侧一年生枝短梢修剪（图 3-1）后作为翌年的预备臂（图 3-2）。

图 3-1　短梢（1）和长梢（2）

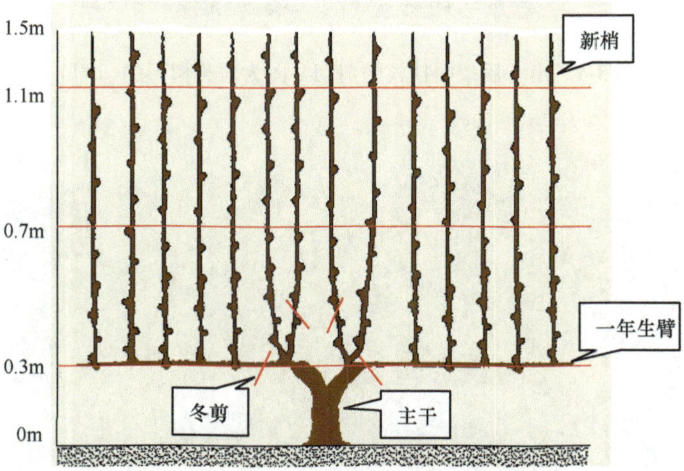

图 3-2　无主蔓爬地龙整形

爬地龙（有主蔓）葡萄植株的臂由多年生蔓构成，对臂上的一年生枝进行短梢修剪（图 3-3）。

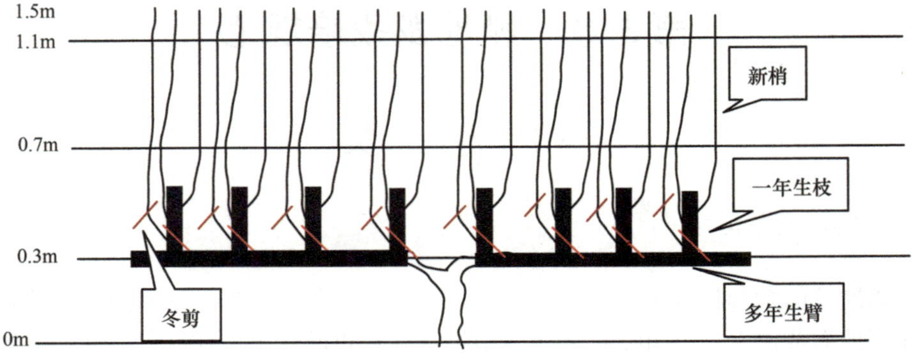

图 3-3 有主蔓爬地龙整形

爬地龙架面为篱架形，叶幕离地面高 1.5m，叶幕宽 0.5m（图 3-2、图 3-3），行内枝条覆盖、行间免耕生草或碎石覆盖（图 3-4、图 3-5）。

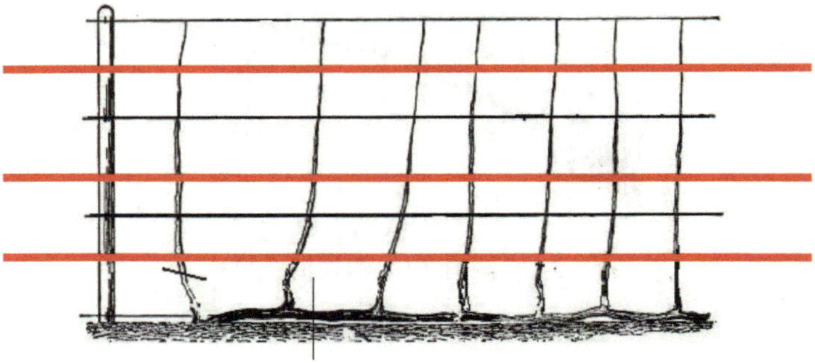

图 3-4 出土后架面挂枝的剪切（图为对称树形的一侧）

图 3-5 行内枝条覆盖、行间免耕生草

3.1.2　短梢修剪

冬季修剪时将一年生枝条剪留 1～3 芽的修剪方法（图 3-1）。

3.1.3　长梢修剪

冬季修剪时将一年生枝条剪留 4 个芽以上的修剪方法（图 3-1）。

3.1.4　冬季修剪时间

开春出土后至伤流以前或冬季埋土前。

3.1.5　适用范围

所有冬季埋土防寒区。

3.2　目　　的

（1）便于冬季埋土和春季出土的机械化作业，避免冬季下架和春季上架；

（2）冬季修剪简单、快速，便于智能化及机器人作业；

（3）埋土防寒期将枝条留在架面上，能有效防止葡萄园的风沙，提高埋土防寒期葡萄园的美观度；

（4）能有效地防止葡萄植株多年生部分（主干、臂）的伸长，缩短营养运输距离，防止植株的衰老；

（5）葡萄园成形快，投产早；

（6）有利于葡萄园管理的机械化，减少夏季修剪和葡萄园管理的劳动强度和病虫害的危害；

（7）葡萄结果部位一致，成熟整齐，有利于提高葡萄质量和有效控制产量，实现“优质、稳产、长寿、美观”的葡萄可持续生产的目的（李华，2008，2015）。

3.3　技 术 参 数

3.3.1　栽植密度

株距 1.0m，行距 3.5m，每亩平均 190 株。

深沟定植。定植沟宽 0.5m、沟深 0.7m（也可根据土壤不透层的深度而定，以破坏不透层为宜)。开沟时表土放一边，生土放另一边；底部填30cm厚秸秆，10cm厚农家肥，回填表土，最后回填生土，并灌水使土壤下沉。定位植株位置。行头种植玫瑰或月季，并留足机械作业的转弯半径。

3.3.2 生产参数

叶幕高1.5m、宽0.5m。亩产量控制在800kg以内。

3.3.3 架材选材

葡萄架杆可选用镀锌金属杆、水泥杆或木杆，架杆高度2.0m；架丝选用热镀锌钢丝。

3.3.4 架材安装

架杆距地面高度1.5m，架杆间距6.0m。架设3道钢丝，第一道钢丝（承重丝）距地表0.3～0.4m，第二道钢丝（双丝）距离第一道丝0.4m，第三道钢丝（双丝）距离第二道丝0.4m。

铺设钢丝时，只能在行头固定钢丝，而在行内的架杆上只能挂在相应高度的挂钩上或从相应高度的孔内穿过。

3.4 实施步骤

3.4.1 第一年

将定植用苗剪留两芽［图3-6（a)]，培育一（单爬地龙）或两（双爬地龙）个新梢［图3-6（b)]，并将新梢卡在第二、第三道双丝中，向上直立生长至1.4m

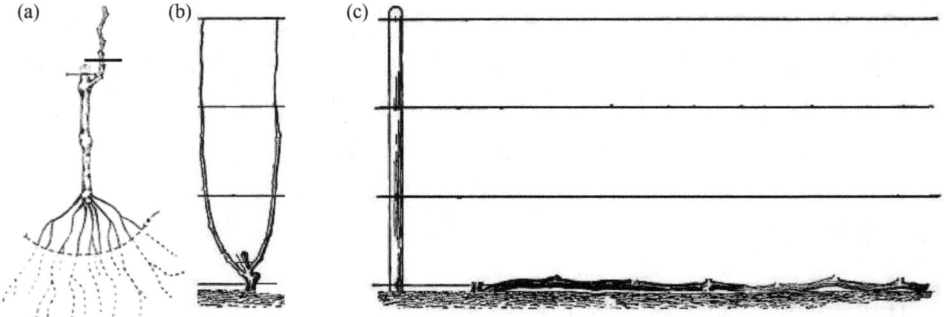

图3-6 第一年整形

（单爬地龙）或 0.9m（双爬地龙）时摘心，以后向上直立生长至 1.5m，超过部分全部剪除；冬季修剪时将所培育的一年生枝剪留 1.4m（单爬地龙）或 0.9m（双爬地龙），并平拉固定在第一道钢丝上［图 3-6（c）］，与相邻植株长梢相接。在平拉时注意不要损伤一年生枝。松丝后埋土。

3.4.2　第二年

出土前，将第一道钢丝拉紧。出土后，将行间地面耙平，便于机械行走。将架面清理干净，用石硫合剂喷施树体和行内地面。将各道钢丝拉紧。将由芽眼发出的新梢依次向上直立卡在第二、第三道双丝的中间，使之在架面上分布均匀，使叶幕层成为高 1.5m、厚 0.5m 的“绿篱”，超过部分全部剪除。

无主蔓爬地龙。冬季修剪时，选留离树桩最近的 2 个一年生枝，将里侧的一年生枝剪留 2 芽，外侧枝长梢修剪后，固定在第一道钢丝上（图 3-7、图 3-8），与相邻植株长梢相接，松丝后埋土。将修剪枝留在架面上形成风障。

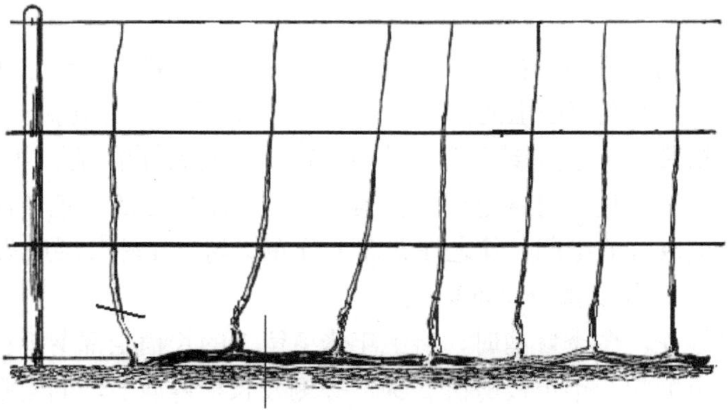

图 3-7　无主蔓爬地龙第二年冬剪（图为对称树形的一侧）

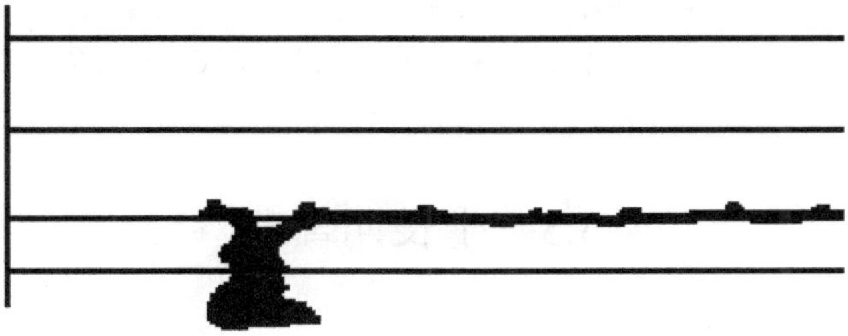

图 3-8　无主蔓爬地龙第二年冬剪后（图为对称树形的一侧）

有主蔓爬地龙。冬季修剪时，将一年生枝剪留 3 芽（图 3-9），松丝后埋土。

将修剪枝留在架面上形成风障。

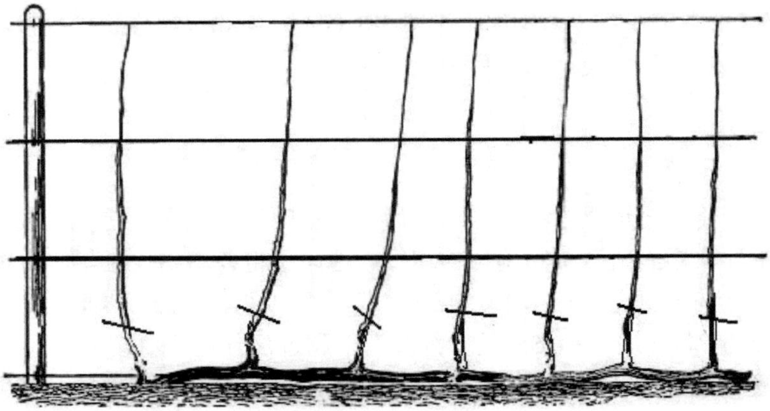

图 3-9　有主蔓爬地龙第二年冬剪（图为树形对称的一侧）

3.4.3　第三年及以后

出土前，将第一道钢丝拉紧。出土后，将行间地面耙平，便于机械行走；春季冬芽萌动前，将留在架面上的修剪枝在第一至第三道丝中间剪断（图 3-8），并使之平铺在定植带内（行内枝条覆盖）（图 3-9），将架面清理干净，用石硫合剂喷施树体和行内覆盖枝。将各道钢丝拉紧。将由芽眼发出的新梢依次向上直立卡在第二、第三道双丝的中间，使之在架面上分布均匀，使叶幕层成为高 1.5m、厚 0.5m 的“绿篱”，超过部分全部剪除。

无主蔓爬地龙。冬季修剪时，将上年修剪留下的长梢全部剪掉；在上年留下的短梢上，将里侧的一年生枝剪留 2 芽，外侧枝长梢修剪后，固定在第一道钢丝上（图 3-2、图 3-8），与相邻植株长梢相接，松丝后埋土。将修剪枝留在架面上形成风障。

有主蔓爬地龙。冬季修剪时，将双臂上带 2 个一年生枝的部分全部剪掉（剪上留下），另一一年生枝剪留 3 芽（图 3-3），松丝后埋土。将修剪枝留在架面上形成风障（李华，2015，2008）。

3.5　生长期管理

3.5.1　一扶

一扶是指新梢绑缚。将由芽眼发出的新梢依次向上直立卡在第二、第三道双丝的中间，使之在架面上分布均匀。

3.5.2　二修

二修是指夏季修剪。使叶幕层成为高 1.5m、厚 0.5m 的“绿篱”，超过部分全部剪除。

3.5.3　三喷

三喷是指打药或根外追肥等。根据需要进行叶面喷施。

3.5.4　四剪

四剪是指行间自然生草。当行间草长到 10～20cm 时（根据地形等因素而定）剪草（图 3-10）。

图 3-10　生长期管理

1. 一扶；2. 二修；3. 三喷；4. 四剪

3.5.5　物理疏花疏果

在坐果后，利用喷药机的风机吹掉果穗中残留的未坐果的花、受精不良的浆果、脱落的花帽等，在落花后到封穗前连续处理 3 次（郑怀堂等，2018）。

3.6　冬季挂（留）枝

埋土防寒期间，在保证葡萄正常埋土越冬的前提下，尽量在接近埋土前进行修剪，以使葡萄得到充分的抗寒锻炼，将修剪枝条挂在架面上，形成风障起到防护林的作用，在保护地表、减少风蚀、降低沙漠化程度的同时，还保证了葡萄园的观赏性（王珊等，2015）。

或者在冬季埋土时不修剪，仅将翌年春天修剪时需要留下的部分埋土，待春季出土后再修剪。这样就可用冬剪机的刀片在每两道丝之间调整到相应的高度，一次性完成修剪和枝条行内覆盖。

3.7 行内枝条覆盖

在春季出土或修剪时，在架面上的两道钢丝之间将修剪枝剪断，让其掉入种植带内，并用石硫合剂进行消毒处理，以实现行内枝条覆盖和还田。为了便于枝条下落，同时避免人工绑枝，架面上第一道丝以上均为双丝，以便在生长季将新梢夹在双丝之间，使之均匀地分布在架面上（Wang *et al.*，2016）。

3.8 水 肥 管 理

3.8.1 灌溉

开春水：在春季出土施用复合肥后，需在葡萄定植带或定植沟内灌一次透水。

果实膨大水：在果实迅速膨大期，如遇天干，需在葡萄定植带或定植沟内灌一次透水。

越冬水：在埋土后，需在葡萄的定植带或定植沟内灌一次透水（李华，2008）。

3.8.2 施肥

3.8.2.1 追肥

时期：在春季出土后，追施 N、P、K 复合肥。

方法：在葡萄行内 2 株之间穴施，或结合开春水在定植带或定植沟内施入。

施肥量：50g/株。

3.8.2.2 根外追肥

在葡萄生长期，可根据需要，结合打药进行根外追肥。

3.8.2.3 基肥

时期：采收以后到入冬前结合埋土深施腐熟的有机肥。

施肥方法：单沟施。在葡萄的定植带或定植沟边缘开宽 40cm、深 50cm 的沟，施入有机肥后，用土将施肥沟填平。采用隔年施肥，当年在定植带或定植沟的左边，翌年在定植带或定植沟的右边施肥。

施肥量：腐熟的有机肥 2t/亩，可在有机肥中拌入过磷酸钙 150kg/亩（李华，2008）。

3.9 老园改造

在掌握了爬地龙整形修剪的原理后，就可以根据每个葡萄园的实际情况，进行老园的改造（李华，2015）。

所谓龙干，就是着生有均匀分布的结果母枝的多年生长蔓。因此，我国埋土防寒区传统的整形修剪方式都是龙干的变形，可归为独龙干、双龙干和多龙干（多主蔓扇形）等（图 3-11、图 3-12）。

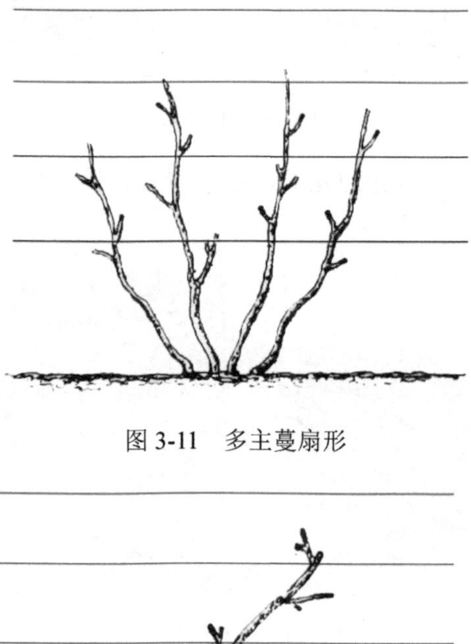

图 3-11　多主蔓扇形

图 3-12　龙干形

3.9.1 平拉

选择结果母枝着生位置较低龙干，平拉固定在第一道钢丝上，从基部将其他龙干剪除，直接改造为有主蔓爬地龙（图 3-13）。在具体操作时，应注意株间的衔接，以保证爬地龙主蔓首尾相连，且主蔓上的结果母枝分布均匀。在新梢萌发后，如果爬地龙主蔓长势较弱，可考虑培养从原植株基部（自根砧）发出的 1～2 个健壮新梢，以备更新。否则，将新梢全部抹除。

图 3-13 平拉龙干

如果结果母枝是正在培养的龙干，则可将其直接平拉并固定在第一道钢丝上（图 3-14）。

图 3-14 平拉结果母枝

（a）独龙干形结果母枝；（b）平拉后的结果母枝

此项改造可在冬季修剪时进行，也可在春季出土时进行。

如在冬季修剪时进行，则将选定的、经短梢修剪后的独龙干平拉固定在第一道钢丝上，将其他龙干从基部剪除，然后埋土。

如在春季出土时进行，则出土后，将选定的、经短梢修剪后的独龙干平拉固定在第一道钢丝上，将其他龙干从基部剪除。

3.9.2　平茬

对于树势较弱的葡萄园，则需要平茬更新。冬季修剪时，将所有龙干（自根砧）平茬；在新梢萌发后，培养从原植株基部发出的 1～2 个着生位置好的健壮新梢，以培养单臂或双臂爬地龙。将其他新梢全部抹除（图 3-15）。

图 3-15　平茬

（a）独龙干形；（b）平茬后的新梢与独龙干形的对比

对于如图 3-16 所示的葡萄园，则可将老干从基部剪除，选留基部（自根砧）发出的 1～2 个着生位置好的健壮新梢，以培养单臂或双臂爬地龙，并将其他新梢全部抹除。

图 3-16　需更新的葡萄园

3.9.3　移苗

在我国埋土防寒区传统的栽培模式中，由于希望提早丰产、害怕缺株等多种原因，往往株距过小，通常小于 0.5m。这就造成植株的水平拉伸空间过小，迫使主蔓直立生长，新梢竞争激烈，易造成架面郁闭；随着龙干的延长，由于极性的作用，结果部位逐年上升，中下部秃裸；多年生部分的比例不断增加，导致植株早衰。因此，在改造时，如果葡萄园年轻，在冬剪时可隔株移苗（如株距为 0.5m 的葡萄园），以满足爬地龙干水平拉伸的空间需求，促进其臂中下部新梢的生长。而对于衰老需更新的葡萄园，则应隔株间伐。

3.9.4 补苗

在老园改造时，不可避免地会遇到大量的缺苗断带现象。在这种情况下，可选择相邻植株上着生位置好、健壮的一年生长枝进行压条补苗（图 3-17）。

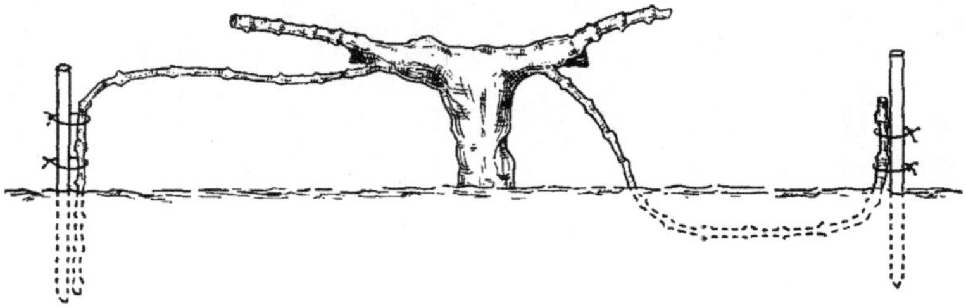

图 3-17 压条繁殖

压条时，将选定枝蔓除顶端 2 个芽以外的所有芽除去，水平压入土壤中 20～25cm 深，其顶端在需要补缺的地方露出地表 2 个芽，并固定在支柱上。2 年以后，当幼苗的根系比较发达时，再进行分株（图 3-17 右）。也可将选定枝蔓的顶端在需要补缺的地方直插入土，固定在支柱上，只留枝蔓高出土壤部分的 2 个芽眼（倒插葱）。这种方法简单，且获得的幼苗健壮，可在一年后进行分株（图 3-17 左）。

当然，在采用爬地龙栽培模式时，无论是新建园，还是老园改造，除严格执行上述标准化规范外，还必须加强葡萄园的水肥和土壤管理及病虫害防治工作。

3.10 免埋栽培

在我国冬季埋土防寒区绝对低温高于–25℃的地区，对于大多数欧亚种葡萄品种，在爬地龙栽培模式的基础上，可用我们自主研发的生物可降解液态膜（BLF）（Han *et al.*，2021；Xue *et al.*，2019）代替传统埋土越冬措施，即免埋栽培。

BLF 内含独特成膜剂，使葡萄植株表面形成一层物理保护膜，起到保温、保水的作用，减少枝条与环境的水分交换，避免冰晶伤害，防止枝条抽干。试验结果表明，喷施 BLF 的葡萄与正常埋土的葡萄相比，萌芽期延后 5～10 天，可减轻倒春寒危害，且后续物候期无显著差异，不会影响果实的成熟度与品质（Xue *et al.*，2019）。

BLF 在开春后逐渐降解。在土壤表面喷施 BLF 可以减少土壤水分蒸发并显著减少土壤风蚀，但仍然允许农药和营养物质充分渗透到土壤中（薛婷婷等，2018；Xue *et al.*，2019）。

使用时，以 BLF∶水=1∶3 的比例稀释，可根据实际情况调整，每亩每次用原液 10kg，入罐前搅拌均匀，用窗纱等过滤以免堵塞喷头。因产品为弱碱性，要注意稀释用水不能为酸性，以免发生反应。BLF 不可露天存放以免结冰发生水油分离，影响使用。

越冬前喷施两遍保护效果最佳，第一遍喷施一周后进行第二次，用拖拉机携带喷药机将液态膜喷在葡萄树干、第二年要留下的枝条部位及行内地面上（图 3-18）。喷完应检查枝条是否包裹完全，尤其是芽眼处，如有较大的伤口、裂口要及时用未稀释的原液涂抹。需要注意的是，液态膜的使用必须配合冬季漫灌，以维持园内湿度，地表形成冰层后起到保温作用，减轻冻害风险。春季萌芽前同样需要漫灌一次，防止植株抽干。

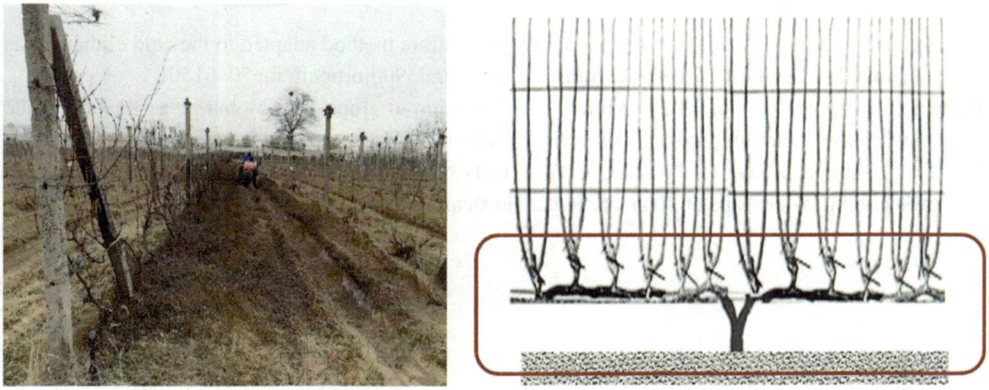

图 3-18　可降解液态膜使用示意图

在使用 BLF 代替传统埋土越冬措施时，应注意以下几点。

（1）由于冬季不需要下架埋土，为了保证葡萄植株生长季在第一道丝以下的通风透光，同时便于操作，同时防止在操作不当时对果穗造成尘土污染，可以将爬地龙整形的第一道丝提高到 0.5m 左右；

（2）在冬季落叶后正常埋土时，在葡萄的定植带或定植沟内灌一次透水（越冬水）；

（3）在越冬水渗透、定植带或定植沟地表干燥后，将生物可降解液态膜均匀喷施在植株树冠下部计划剪留的结果枝组、枝蔓和定植带土壤表面，使用配有专用喷头的移动机载喷雾器进行喷施，亩均使用量为 10～12kg；

（4）将冬剪时间推至翌年春天伤流以前，将冬剪与修剪枝行内覆盖、还田一并进行，减少操作次数，同时可以使一年生枝在冬季形成风障，保护生态，提高葡萄园的景观度；

（5）修剪结束后，在葡萄的定植带或定植沟内灌一次透水（开春水）。

主要参考文献

李华. 2004. 葡萄病虫害的合理防治. 西安: 陕西人民出版社

李华. 2008. 葡萄栽培学. 北京: 中国农业出版社

李华. 2015. 中国冬季埋土防寒区葡萄种植模式“爬地龙”的整形与修剪. 杨凌: 西北农林科技大学出版社

王珊, 李华, 王华. 2015. 埋土防寒区葡萄冬剪后挂枝的防风效果. 农业工程学报, 31(12): 206-212

薛婷婷, 韩星, 张红娟, 等. 2018. 埋土防寒区葡萄不同越冬措施的防风沙效应风洞试验研究. 泥沙研究, 43(5): 58-64

郑怀堂, 董新义, 薛婷婷, 等. 2018. 物理方法疏花疏果对酿酒葡萄病害发生的影响. 中外葡萄与葡萄酒, 6: 55-58

Han X., Xue T., Liu X., *et al*. 2021. A sustainable viticulture method adapted to the cold climate zone in China. Horticulturae, 7(6): 150. https://doi.org/10.3390/horticulturae7060150

Wang S., Li H., Ye Q., *et al*. 2016. Winter chill protection of grapevines by burial: evaluation of the crawled cordon training system. Vitis, 55(2): 45-51

Xue T. T., Han X., Zhang H. J., *et al*. 2019. Effects of a biodegradable liquid film on winter chill protection of winegrape cultivars. Scientia Horticulturae, 246: 398-406

第 4 章　非埋土防寒区的酿酒葡萄栽培模式

为了适应葡萄栽培机械化、智慧化的需求，改善葡萄园的景观度，实现葡萄酒产业可持续、高质量发展，根据我们提出的葡萄最小化修剪的库源关系调控理论（南立军，2013；Nan *et al.*，2014；Zhao *et al.*，2013，2014）、我国非埋土防寒区葡萄种植限制性因素及其应对策略和葡萄园生草制的分析（李华，2015），以葡萄生产的机械化为前提，以优质、稳产、长寿、美观的葡萄生产可持续发展为目标（李华和房玉林，2005），我们设计了适应非埋土防寒区可持续发展要求的葡萄栽培模式——单干双臂栽培模式（single tronc and double arm mode，STDAM）和头状栽培模式（head-shaped mode，HSM），并进行持续 20 多年的研究和推广，取得了显著的效果。单干双臂栽培模式包括单干双臂整形（single tronc and double arm training，STDAT）、物理疏花疏果、全面生草（或碎石覆盖）、行内枝条覆盖，变冬剪为春剪；头状栽培模式包括头状整形（head-shaped training，HST）、物理疏花疏果、全面生草（或碎石覆盖）、行内枝条覆盖，变冬剪为春剪。由于除整形方式外，修剪原理及其他管理都与爬地龙栽培模式一致（见第 3 章），本章只讲述单干双臂和头状栽培模式整形修剪规范。

4.1　单干双臂整形修剪规范

4.1.1　定义

单干双臂整形有一年生臂和多年生臂两种类型。单干双臂的葡萄植株为有主干的双臂（一年生枝或多年生蔓）整形，相邻植株的双臂首尾相接形成地上部的篱架形，主干高 0.5m，架面高 1.7m，架面宽 0.5m（图 4-1、图 4-2），行内枝条覆盖、行间免耕生草或碎石覆盖。因此，单干双臂整形实际上就是有明显主干的爬地龙整形（图 3-2、图 3-3）。

4.1.2　目的

（1）冬季修剪简单、快速，便于智能化及机器人作业；

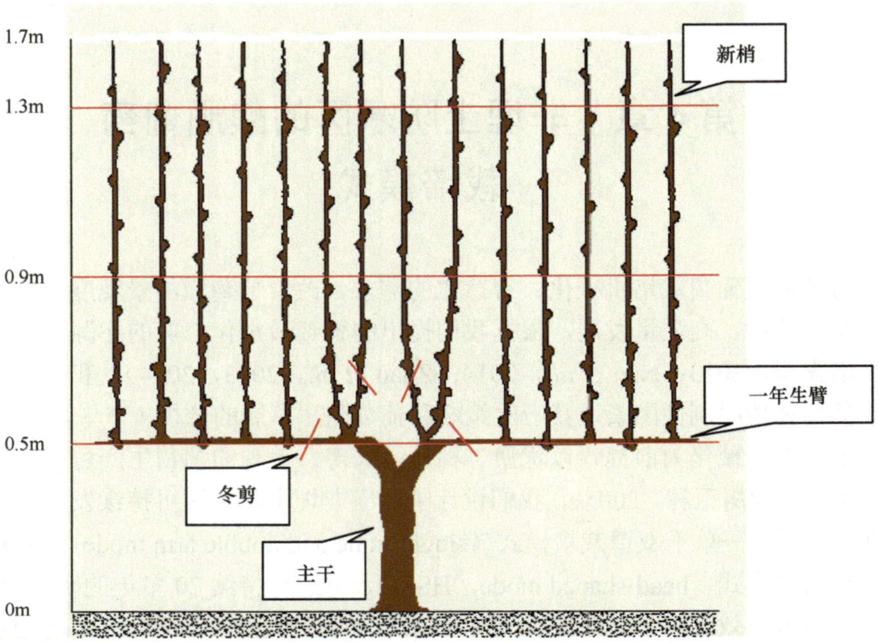

图 4-1 单干（一年生）双臂整形

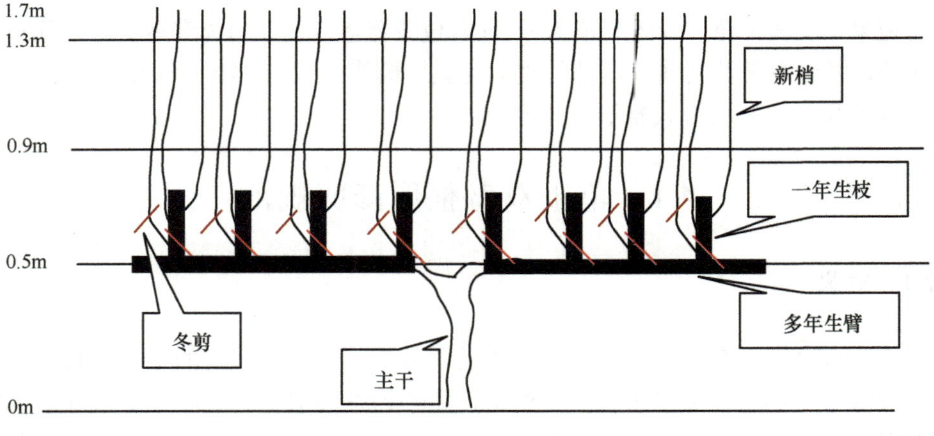

图 4-2 单干（多年生）双臂整形

（2）变冬剪为春剪，在葡萄休眠期将枝条留在架面上，能有效防止葡萄园的风沙，提高休眠期葡萄园的美观度，同时减少操作次数，降低成本；

（3）能有效地防止葡萄植株多年生部分（主干、臂、主蔓等）的伸长，缩短营养运输距离，延缓植株的衰老；

（4）成形快，有利于提早丰产；

（5）有利于葡萄园管理的机械化，减少夏季修剪，降低葡萄园管理的劳动强度和病虫害的危害；

（6）葡萄结果部位一致，成熟整齐，有利于提高葡萄质量和有效控制葡萄产量，实现“优质、稳产、长寿、美观”的葡萄可持续生产的目标（李华，2015，2008）。

4.1.3 冬季修剪时间

伤流期前。

4.1.4 适用范围

所有冬季非埋土防寒的地区。

4.1.5 技术参数

4.1.5.1 种植密度

株距 1.0m，行距 2.5m，每亩平均 266 株。

深沟定植。定植沟宽 0.5m、沟深 0.7m（也可根据土壤不透层的深度而定，以破坏不透层为宜）。开沟时表土放一边，生土放另一边；底部填 30cm 厚秸秆，10cm 厚农家肥，回填表土，最后回填生土，并灌水使土壤下沉。定位植株位置。行头种植玫瑰或月季，并留足机械作业的转弯半径。

4.1.5.2 生产参数

叶幕高 1.7m、宽 0.5m。亩产量控制在 1000kg 以内。

4.1.5.3 架材选材

葡萄架杆可选用镀锌金属杆、水泥杆或木杆，架杆高度 2.0m；架丝选用热镀锌钢丝。

4.1.5.4 架材安装

架杆距地面高度 1.5m，架杆间距 6.0m。架设 3 道钢丝，第一道钢丝（承重丝）距地表 0.5m，第二道钢丝（双丝）距离第一道丝 0.4m，第三道钢丝（双丝）距离第二道丝 0.4m。

铺设钢丝时，只能在行头固定钢丝，而在行内的架杆上只能挂在相应高度的挂钩上或从相应高度的孔内穿过。

4.1.6 实施步骤

4.1.6.1 第一年

将定植用苗剪留 2 芽（图 4-3），培育一个新梢，并将新梢卡在第二、第三道双丝中，向上直立生长至 1.2m 时摘心，以后向上直立生长至 1.7m，超过部分全部剪除；冬剪时将所培育的一年生枝剪留 1.2m，并在 0.5m（第一道丝）处向右弯曲，固定在第一道丝上（图 4-4）。在弯曲时应注意要有一定角度，避免损伤一年生枝。

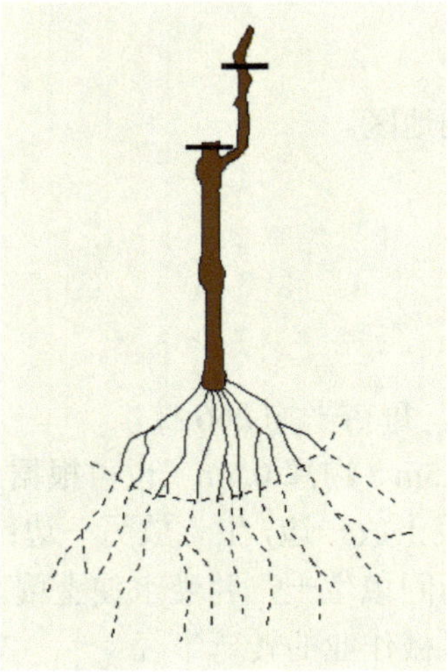

图 4-3 定植苗的修剪

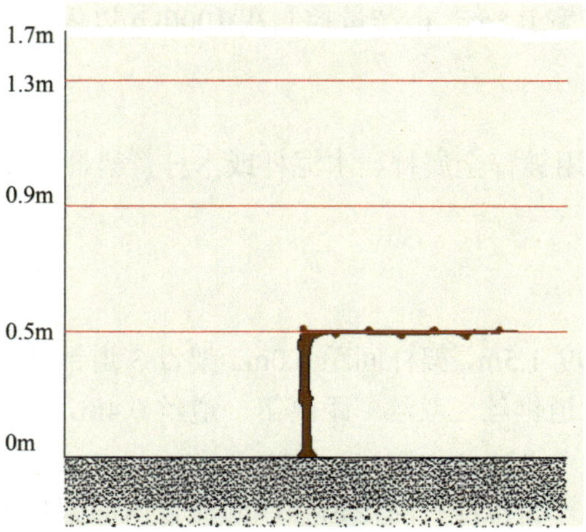

图 4-4 第一年冬剪

4.1.6.2　第二年

春季将由芽眼发出的新梢依次向上直立卡在第二、第三道双丝的中间，使之在架面上分布均匀，使叶幕层成为高 1.7m、厚 0.5m 的“绿篱”，超过部分全部剪除。

（1）单干一年生双臂整形

冬剪时，将离主干最近的最左侧一年生枝剪留 0.6m 左右，向左平拉，在平拉时注意不要损伤一年生枝，固定在第一道钢丝上，使之与相邻植株的右臂相连；将与之相邻的右侧第一个一年生枝剪留 2 芽（短梢修剪），右侧第二个一年生枝剪留 0.5m 左右，其他一年生枝全部剪除，将长梢修剪一年生枝固定在第一道丝上（图 4-5、图 4-6），并使之与相邻的臂相连。

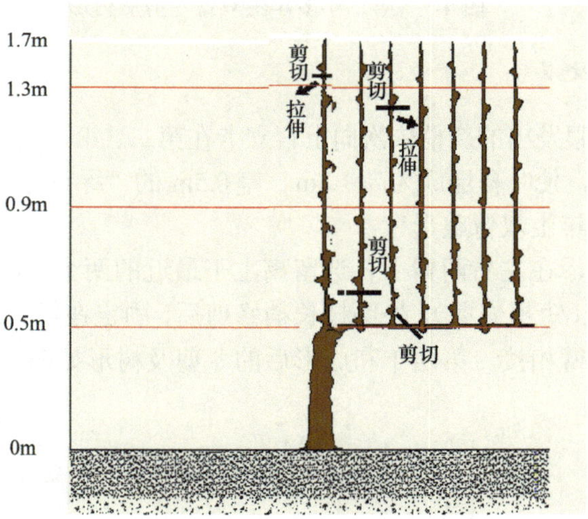

图 4-5　第二年一年生双臂冬剪

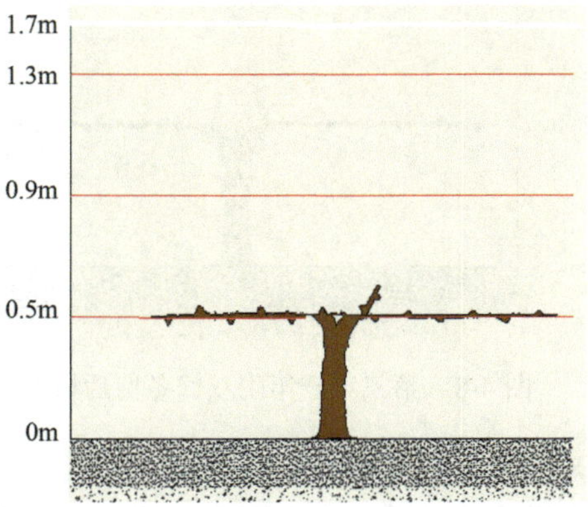

图 4-6　第二年一年生双臂冬剪后树形

（2）单干多年生双臂整形

冬季修剪时，将最左侧的一年生枝长梢修剪后向左平拉固定在第一道丝上，并使之与相邻的臂相连；将右臂上的一年生枝剪留 3 芽（图 4-7）。

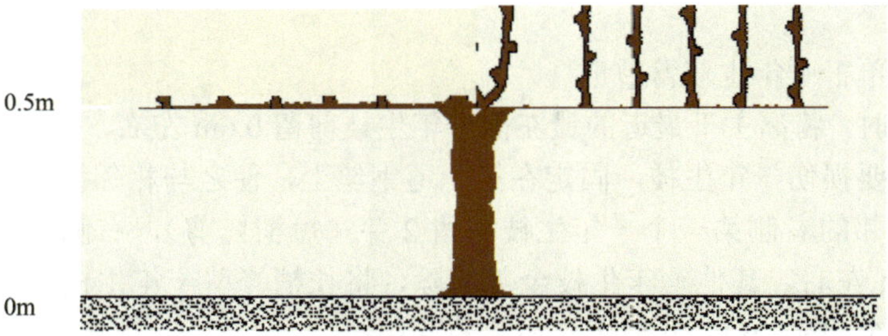

图 4-7　第二年多年生双臂冬剪后树形

4.1.6.3　第三年及以后

春季将由芽眼发出的新梢依次向上直立卡在第二、第三道双丝的中间，使之在架面上分布均匀，使叶幕层成为高 1.7m、厚 0.5m 的“绿篱”，超过部分全部剪除。

（1）单干一年生双臂整形

冬季修剪时，在左右两臂上各选留离主干最近的两个一年生枝，将里侧的一年生枝剪留 2 芽（短梢修剪），外侧枝长梢修剪后，固定在第一道钢丝上（图 4-8），并使之与相邻的臂相接。第四年和成形后的冬剪及树形如图 4-1 所示。

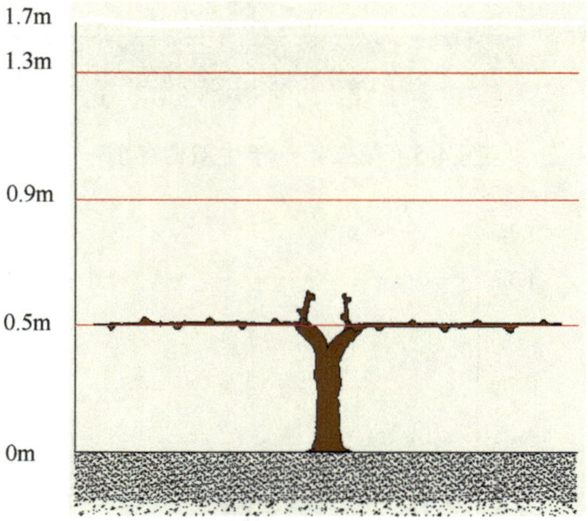

图 4-8　第三年一年生双臂冬剪后树形

（2）单干多年生双臂整形

冬季修剪时，将右臂上带 2 个一年生枝的部分全部剪掉（剪上留下），另一一年生枝剪留 3 芽；将左臂上的所有一年生枝剪留 3 芽（图 4-9)。第四年及以后冬季修剪时，将两臂上带 2 个一年生枝的部分全部剪掉（剪上留下)，另一一年生枝剪留 3 芽（图 4-2)。第四年和成形后的冬剪及树形如图 4-2 所示。

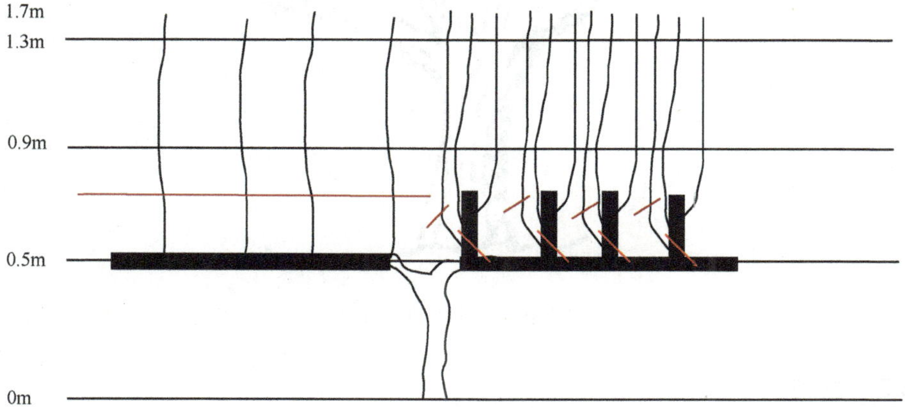

图 4-9 第三年多年生双臂冬剪

在实施单干双臂整形时，需要注意以下事项。

（1）因地制宜确定主干和第一道丝的高度。如在降水量相对高的地方，可适当提高主干高度，而在相对干燥的地方可适当降低主干高度，但最低不得低于 0.5m。

（2）第一年的主要任务是培育健壮直立的主干。如果在第一年中植株长势较弱或枝条木质化程度不够，则在冬剪时必须回缩，将成形步骤推后一年。

（3）在冬剪时，应保证相邻植株双臂首尾相接，有效利用空间，同时将对葡萄的管理，从单株管理变为群体管理，实现集约化、机械化和精准化。

（4）植株和臂的更新：随着时间推移，植株的臂会枯萎、干死或发生机械损伤，这就需要在靠近树干的地方保留芽以进行更新：一是在修剪时，应优先剪留靠近主干的芽，而不是通常最具活力的端部的芽；二是在老植株上（通常 10 年以上)，注意保留树干上部的芽，因为它们是潜在的更新臂；三是经常更新结果母枝下的多年生部分（基座)，防止结果部位上移，并且避免光秃。

4.2 头状栽培模式整形修剪规范

4.2.1 定义

头状整形葡萄植株由主干和几个多年生短臂构成，直立主干高 1.5m，修剪后的植株呈头状（图 4-10)，短臂上为短结果母枝。生长季新梢自然弯曲下垂（李华，2008)。行间免耕生草或碎石覆盖，树盘用修剪枝节段覆盖。

图 4-10　头状整形葡萄植株

4.2.2　目的

（1）无架生态化栽培，节约建园成本；

（2）主干高，有利于通风透光；

（3）修剪简单、快速，便于简约化作业；

（4）能有效防止葡萄植株多年生部分（主干、臂、主蔓等）的延长，缩短树体营养运输距离，防止植株衰老；

（5）成形快，有利于提早丰产；

（6）有利于葡萄园管理的机械化，减少绿枝修剪和葡萄园管理的劳动强度及病虫害的危害；

（7）葡萄结果部位一致，成熟整齐，有利于提高葡萄质量和有效控制葡萄产量，实现“优质、稳产、长寿、美观”的葡萄可持续生产的目的。

4.2.3　冬季修剪时间

伤流期前。

4.2.4　适用范围

所有非埋土防寒区。

4.2.5　行间免耕生草或碎石覆盖

行间免耕生草是指行间自然生草。当行间草长到 5～10cm 时（根据地形等因素而定）进行剪草。在砂石、砾石、鹅卵石等砂石含量较高、不宜生草的地块，行间可用碎石覆盖、压平、免耕。

4.2.6　树盘修剪枝覆盖

树盘修剪枝覆盖是指冬剪时，将修剪枝截短，平铺在树盘上，覆盖树盘的地表，防止长草。在冬季施肥时，将上一年的覆盖枝翻入，以实现枝条还田。

4.2.7　实施步骤

4.2.7.1　土地整理

建园土地应基本平坦，坡度不宜过大，若坡度过大（大于 20%）时应修筑水平梯地。平地的行向为南北向，坡地或梯地的行向应沿等高线种植。建园园区应有道路、灌排水和防护林等设施，并便于机械化操作。

4.2.7.2　开挖定植沟或定植坑

株距 1.0m，行距 2.5m；定植沟宽 0.5m、沟深 0.7m；定植坑长×宽 0.5m×0.5m，深 0.7m。开沟或开坑时表土放一边，生土放另一边；底部填 30cm 厚秸秆，10cm 厚农家肥，回填表土，最后回填生土。灌水使土壤下沉。定位植株位置。行头种植玫瑰或月季，并留足机械作业的转弯半径。

4.2.7.3　支柱

支柱可选用镀锌金属杆、水泥杆、木杆或竹竿，杆高 2.0m。在已定位的植株位置垂直埋设支柱，使支柱的地面高度为 1.5m。

4.2.7.4　定植

定植时期在冬末春初，即土壤开冻、土温开始回升以后，葡萄伤流期以前。用营养钵温室繁殖的苗木可在整个葡萄生长季节进行定植，但应避开当地最干旱的时期。

首先在已埋设支柱（标志植株的位置）的地方挖定植穴。定植穴的大小为高 25cm 的正方体。在定植穴的底部施入有机肥，并放入细土。将定植用苗剪留 2 芽，每穴放 1 株幼苗，与支柱对齐，把苗直立，根颈与地表等高，根系舒伸于穴内。然后填入细土，踏实，使幼苗与土壤密合，然后浇水。透水后再将周围的土填入穴面，进行培土，定植后呈馒头状（图 4-11）（李华，2008）。

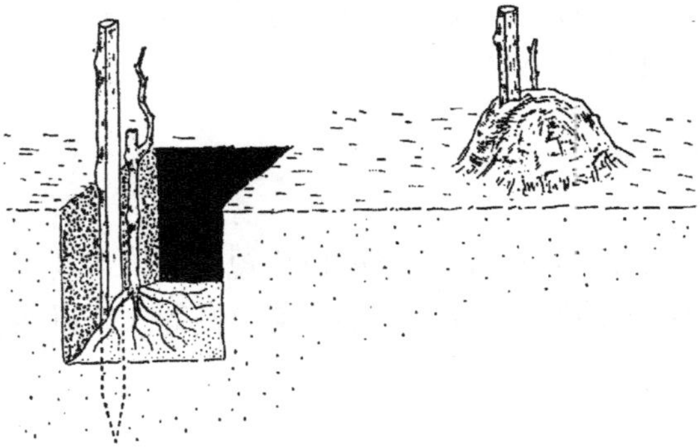

图 4-11 定植

4.2.7.5 树形培育

（1）第一年

发芽后，选留培育一个新梢，向上直立绑缚，直立生长至 1.6m 时摘心，以后向上任其生长，自然下垂。抹除所有副梢。冬季修剪时将所培育的一年生枝剪留 1.6m。

（2）第二年

发芽后，选留主干顶部的 4 个芽发出的新梢，向上任其生长，自然下垂。抹除所有副梢。将主干上的其他芽全部抹除。冬季修剪时将所培育的 4 个一年生枝剪留 2 芽，从而形成 4 个臂。

4.2.7.6 树形保持

当树冠形成以后，每次每个臂上只留一个一年生枝并进行短梢修剪（剪留 3 芽）（剪上留下）（图 4-12）。如果树势较旺，可在有的臂上留 2 个短结果母枝，但多留枝的臂每年应轮换，以避免早衰（图 4-13）。

图 4-12 头状整形修剪

图 4-13　葡萄头状整形实例
（a）头状整形葡萄植株；（b）老植株；（c）葡萄园

在实施头状整形时，同样也因地制宜确定主干高度；根据幼苗的长势调整成形的速度；防止植株间新梢的交叉；通过留芽量调整葡萄的产量；注意多年生臂的更新。

主要参考文献

李华. 2008. 葡萄栽培学. 北京: 中国农业出版社

李华. 2015. 中国冬季埋土防寒区葡萄种植模式“爬地龙”的整形与修剪. 杨凌: 西北农林科技大学出版社

李华, 房玉林. 2005. 论葡萄产业可持续发展模式的目标——优质、稳产、长寿、美观. 科技导报, 23(9): 20-22

南立军. 2013. 埋土防寒地区(合阳)酿酒葡萄品种评价及“爬地龙”栽培模式研究. 西北农林科技大学博士学位论文

Nan L. J., Zhao X. H., Liu L. Y., *et al.* 2014. A comparative ecophysiology of Ecolly (*Vitis vinifera* L.) under the traditional independent long-system pruning and crawled cordon training. Pakistan Journal of Botany, 46(2): 489-496

Zhao X. H., Li C. X., Nan L. J., *et al.* 2013. A new grape shaping method in the soil-bury over-wintering zone of arid and semiarid areas. Pakistan Journal of Botany, 45(4): 1307-1314

Zhao X. H., Liu L.Y., Nan L. J., *et al.* 2014. Development of tyloses in the xylem vessels of Meili grapevine and their effect on water transportation. Russian Journal of Plant Physiology, 61: 194-203

第 5 章　水肥一体化技术规范

针对酿酒葡萄传统水肥管理带来的产量不稳定、营养生长过剩、水肥资源浪费严重、葡萄品质较低等问题，采用水肥一体化技术在解决水肥资源短缺问题的同时，还能促进酿酒葡萄优质高效生产。水肥一体化通常适用于具备滴灌条件的酿酒葡萄园，该技术能够确保葡萄根系在吸收水分的同时吸收养分，水分养分协同供应确保养分需求的平衡。

5.1　定　　义

5.1.1　水肥一体化

借助压力系统，将水溶性固体或液体肥料，按土壤养分供应能力和植物水肥需求规律，将配兑成的肥液与灌溉水相溶后一起通过管道系统供水、供肥，利用管道和滴头进行滴灌，均匀、定时、定量，浸润根系生长发育区域，将水分、养分按比例直接提供给作物（李久生等，2018）。

5.1.2　大量元素水溶肥

大量元素水溶肥是一种多元素、全水溶、营养全面、用量少、见效快的速效肥料，能迅速地溶解于水中，更容易被作物吸收，吸收利用率相对较高，经水溶解或稀释后，用于灌溉施肥、叶面施肥、无土栽培、浸种蘸根等的液体或固体肥料。大量元素水溶肥除含氮、磷、钾等元素外，还含有丰富的微量元素（马蕾等，2019）。

5.1.3　灌溉制度

灌溉制度是指根据作物需水特性和当地气候、土壤、农业技术及灌水等因素制定的灌水方案。主要内容包括灌水次数、灌水时间、灌水定额、灌溉定额和设计灌水周期。灌水定额是指某一次灌水时单位面积内的灌水量。灌溉定额是指作物生育期内各次灌水定额之和。滴灌设计灌水周期是指按一定的灌水定额灌水后，在适宜土壤含水率的条件下，保障葡萄正常生长的可能延续时间（王锐和孙权，2016）。

5.2　水肥一体化技术构成

水肥一体化的水源必须选择净化河水或地下水，在净化池沉淀后由水泵抽取进入三级过滤系统（砂石、网式、叠片），输水时间和压力由中央控制系统和变频柜控制，在叠片过滤器前端加注肥泵施肥系统（图 5-1）。管道逐级由粗变细，设置轮灌组，每组面积控制在 50～100 亩，每个轮灌组设出地桩和电磁阀，田间毛管布设长度控制在 60～80m，滴头流量选在 2.7L/h 为宜（李久生等，2018；葛新伟等，2017）。

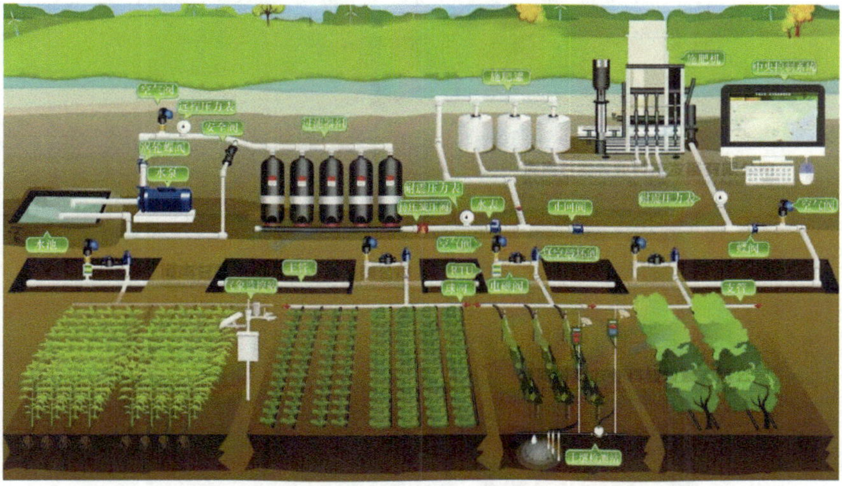

图 5-1　水肥一体化示意图
RTU：远程终端控制

5.2.1　首部系统

首部系统包括动力机、水泵、变配电设备、施肥装置、过滤系统和安全保护及测量控制设施。从水源取水加压，并加入肥料或农药，经净化处理，担负着整个滴灌系统的加压、供水（肥、药）、过滤、计量和调控任务，是全系统的控制调配中心（图 5-2）。

5.2.2　过滤系统

滴灌配套过滤系统是输送介质管道上不可缺少的一种装置，通常安装在减压阀、泄压阀、定水位阀或其他设备的进口端，用来消除介质中的杂质，以保护阀门及设备的正常使用（图 5-3～图 5-5）。

图 5-2　水肥一体化首部控制系统

图 5-3　砂石过滤器

图 5-4　叠片过滤器

图 5-5　网式过滤器

5.2.3　施肥系统

施肥系统通过施肥装置将溶解好的肥液注入灌溉系统中，使肥料随灌溉水一起输送到田间。常见施肥装置见图 5-6～图 5-8。

图 5-6　管道式注肥泵

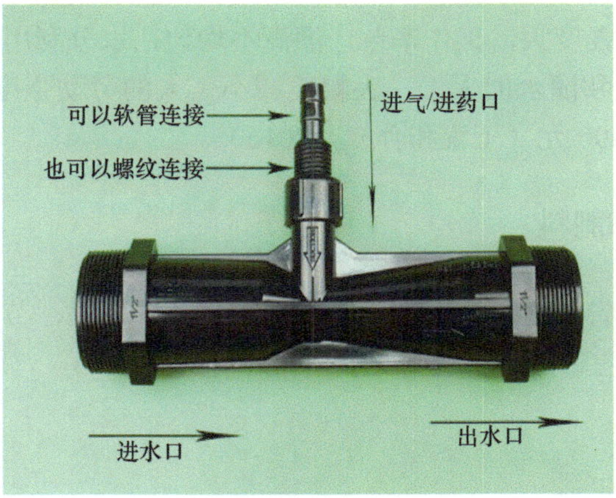

图 5-7　文丘里施肥器

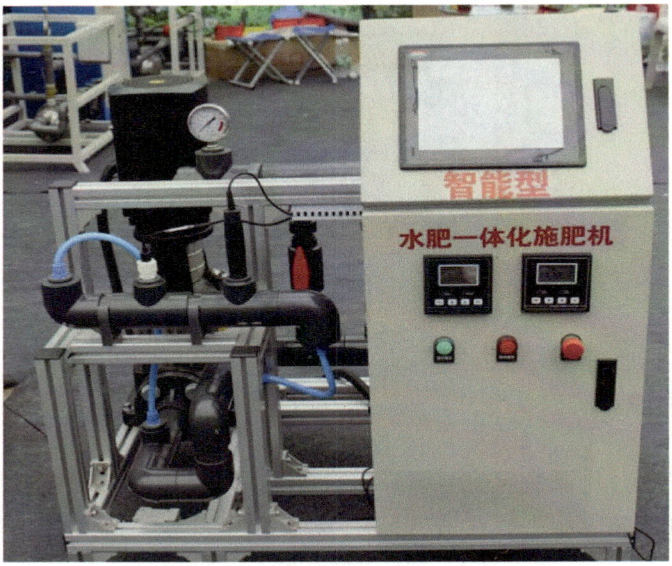

图 5-8 智能施肥机

管道式注肥泵（图 5-6）设置在过滤器前端，由注肥泵将溶解后的肥液与灌溉用水同时注入过滤系统管道；文丘里施肥器（图 5-7）是利用管道压差方式虹吸施肥罐中的肥液，智能施肥机（图 5-8）兼具二者的优点，能智能控制施肥量和时间（刘永华等，2015）。

5.3 水肥一体化优势

5.3.1 节工

人工灌溉劳动强度大，工作辛苦，灌溉不均匀，水分利用效率低。水肥一体化可大量节省施肥和灌水的人工，大幅度减小工人的劳动强度，平均省工 3～4 个，每亩省 300～400 元（王锐和孙权，2016）。

5.3.2 大幅度节省肥料

比常规施肥节省 30%～70%。省肥意味着省钱、环保，节省资源（王锐和孙权，2016）。

5.3.3 大幅度节水

节水灌溉要比传统灌溉节水 50%以上。

5.3.4 节省农药

滴灌只湿润根区土壤，树冠下相对湿度低，可显著降低病害发生，减少杂草生长，且作物生长健壮，抗逆性提高。滴灌还可防止根际病害（如枯萎病等）的传播（王潇等，2020）。

5.3.5 便于标准化栽培

方便集约化栽培的水肥管理，有利于实现标准化栽培。

5.3.6 高效施肥灌水

水肥一体化可保证植株生长一致，有利于其他措施（如喷药、修剪等）实施。

5.3.7 保证作物丰产稳产

水肥一体化技术可提高作物抵御不良天气的能力，使作物增产 30%以上。

5.3.8 有利于开发边缘土壤

水肥一体化可利用沙地、轻度盐碱土等边缘土壤及陡坡地种植酿酒葡萄。对于干旱缺水的区域新种植的酿酒葡萄，水肥一体化是首选技术。

5.3.9 提高肥料利用率

在滴灌施肥下，养分只在根区供应，氮、磷、钾的利用率分别为 80%、40%、90%以上（陈天祥等，2016）。

5.4 水肥一体化灌溉原则

5.4.1 水质和水源要求

灌溉水质应符合《农田灌溉水质标准》（GB 5084—2021）的相关规定，水源可选取经沉降过滤后的河水或地下水。

5.4.2 灌溉原则

根据物候期、降雨量及种植地块土壤理化性质及墒情确定灌溉制度。花期土壤含水量（θ）≤田间持水量（θf）45%时灌水；浆果膨大期 $\theta \leq \theta f$ 65%时灌水；成熟期严格控制灌水；采收前 15～30 天停止灌水；其他物候期 $\theta \leq \theta f$ 55%灌水。冬水根据埋藤土壤墒情适量补水至 θf 75%。土壤黏重、地下水位较高的葡萄园要有排水条件（李磊，2017）。

5.4.3　灌溉轮灌组原则

为了减少工程投资，提高设备利用率，增加灌溉面积，通常采用轮灌的工作制度。一般是将支管分成若干组，由干管轮流向各组支管供水，而支管内部则同时向毛管供水。为了便于运行操作和管理，通常一个轮灌组管辖的范围应集中连片，轮灌顺序可通过协商自上而下或自下而上进行。有时，为了减少输水干管的流量，也可采用“插花”操作的方法划分轮灌组。轮灌组的数目应满足作物需水要求，同时使水源的水量与计划灌溉的面积相协调，每个轮灌组控制的面积应尽可能接近相等，以便水泵工作稳定，提高动力机和水泵的效率，降低能耗（李伟等，2021）。

5.4.4　施肥原则

依据物候期、种植地块土壤肥力和肥效反应，确定目标产量和施肥方案。坚持基肥与追肥合理分配，追肥是有机与无机肥相结合，氮、磷、钾肥料与中微量元素肥料相结合（张丽萍等，2020；王锐等，2019）。重视水肥联控，追施肥与灌溉制度协调，与优质稳产栽培技术相结合；肥料应为水溶性好、含有害离子少的水溶肥；也可用可溶性单质肥替代，其质量应符合《大量元素水溶肥料》（NY/T 1107—2020）的要求；营养生长生育前期选用高氮型大量元素水溶肥，花期前后选择高磷型，果实膨大后期至转色期选择高钾型（王锐和孙权，2020）。集约化管理方式下的葡萄种植区域，施肥设备宜选用注肥泵；砂质土壤酿酒葡萄目标产量为 500～700kg/亩，壤质土酿酒葡萄目标产量为 800～1000kg/亩；若水肥方案变化，目标产量将随之变化。

5.5　水肥管理方案

水肥一体化葡萄园必须配合基施底肥，基肥通常在春季出土后或秋季采收后施入，以有机肥为主并与磷、钾肥混合，沟施为主。沟深 40～60cm、宽 30～40cm，腐熟农家肥 3～5m^3/亩或有机肥 0.5～1.0t/亩，硫酸钾 10～15kg，过磷酸钙 40kg/亩与有机肥混匀后施入。每 2 年施 1 次，种植行两侧轮流施肥（王锐和孙权，2020）。

追肥在物候期分次追施，土壤质地、土壤肥力和土壤持水能力不同，水肥方案略有不同，详见表 5-1 和表 5-2。

表 5-1　砂质土壤葡萄园水肥一体化工作方案

物候期	灌水时间	灌水定额（m^3/亩）	灌水次数	灌水量（m^3）	肥力水平	单次施肥量（$N-P_2O_5-K_2O$）（kg/亩）	滴肥次数	施肥量（kg）	纯养分量（$N-P_2O_5-K_2O$）（kg/亩）
冬芽期至绒球期	4 月下旬	40	1	40	高				
					中				
					低				
绿尖期至展叶期	5 月上旬～5 月中旬	18～20	2	36～40	高	4（32-8-10）	1	4	1.28-0.32-0.40
					中	4.5（32-8-10）	1	4.5	1.44-0.36-0.45
					低	5（32-8-10）	1	5	1.60-0.40-0.50
果穗出现期至开花期	6 月上旬～6 月中旬	16～18	2	32～36	高	4（15-20-15）	1	4	0.60-0.80-0.60
					中	4.5（15-20-15）	1	4.5	0.675-0.90-0.675
					低	5（15-20-15）	1	5	0.75-1.00-0.75
坐果期至小果期	6 月下旬～7 月上旬	13～14	3	39～42	高	4（15-20-15）	1	4	0.60-0.80-0.60
					中	4.5（15-20-15）	1	4.5	0.675-0.90-0.675
					低	5（15-20-15）	1	5	0.75-1.00-0.75
闭穗期	7 月中旬～7 月下旬	18～20	3	54～60	高	4（10-10-30）	2	8	0.80-0.80-2.40
					中	4.5（10-10-30）	2	9	0.90-0.90-2.70
					低	5（10-10-30）	2	10	1.00-1.00-3.00
转色期至落叶期	8 月上旬～10 月中旬	13～14	3	39～42	高	4（10-10-30）	2	8	0.80-0.80-2.40
					中	4.5（10-10-30）	2	9	0.90-0.90-2.70
					低	5（10-10-30）	2	10	1.00-1.00-3.00
休眠期前	10 月下旬～11 月上旬	40～50	1	40～50	高				
					中				
					低				
合计			15	280～300	高		7	28	4.08-3.52-6.40
					中		7	31.5	4.59-3.96-7.20
					低		7	35	5.10-4.40-8.00

表 5-2　壤质土壤葡萄园水肥一体化工作方案

物候期	灌水时间	灌水定额（m^3/亩）	灌水次数	灌水量（m^3）	肥力水平	单次施肥量（$N-P_2O_5-K_2O$）（kg/亩）	滴肥次数	施肥量（kg）	纯养分量（$N-P_2O_5-K_2O$）（kg/亩）
冬芽期至绒球期	4 月下旬	40	1	40	高				
					中				
					低				
绿尖期至展叶期	5 月上旬～5 月中旬	18～20	2	36～38	高	4（32-8-10）	2	8	2.56-0.64-0.80
					中	4.5（32-8-10）	2	9	2.88-0.72-0.90
					低	5（32-8-10）	2	10	3.20-0.80-1.00
果穗出现期至开花期	6 月上旬～6 月中旬	23～25	1	23～25	高	4（15-20-15）	1	4	0.60-0.80-0.60
					中	4.5（15-20-15）	1	4.5	0.675-0.90-0.675
					低	5（15-20-15）	1	5	0.75-1.00-0.75

续表

物候期	灌水时间	灌水定额（m^3/亩）	灌水次数	灌水量（m^3）	肥力水平	单次施肥量（$N-P_2O_5-K_2O$）（kg/亩）	滴肥次数	施肥量（kg）	纯养分量（$N-P_2O_5-K_2O$）（kg/亩）
坐果期至小果期	6月下旬～7月上旬	18～20	2	36～38	高	4（15-20-15）	1	4	0.60-0.80-0.60
					中	4.5（15-20-15）	1	4.5	0.675-0.90-0.675
					低	5（15-20-15）	1	5	0.75-1.00-0.75
闭穗期	7月中旬～7月下旬	18～20	3	54～56	高	4（10-10-30）	2	8	0.80-0.80-2.40
					中	4.5（10-10-30）	2	9	0.90-0.90-2.70
					低	5（10-10-30）	2	10	1.00-1.00-3.00
转色期至落叶期	8月上旬～10月中旬	12～14	3	36～38	高	4（10-10-30）	2	8	0.80-0.80-2.40
					中	4.5（10-10-30）	2	9	0.90-0.90-2.70
					低	5（10-10-30）	2	10	1.00-1.00-3.00
休眠期前	10月下旬～11月上旬	40～50	1	40～50	高				
					中				
					低				
合计			13	265～285	高		8	32	5.36-3.84-6.80
					中		8	36	6.03-4.32-7.65
					低		8	40	6.70-4.80-8.50

（1）冬芽期至绒球期（4 月下旬）。灌水 1 次，灌水定额 40m^3/亩，不施肥。

（2）绿尖期至展叶期（5 月上旬～5 月中旬）。处于营养与水分消耗临界期。灌水 2 次，灌水定额为 18～20m^3/亩，追肥 1～2 次，总量 4～10kg/亩。

（3）果穗出现期至开花期（6 月上旬～6 月中旬）。处于营养生长与花芽分化期，水分消耗量大。砂质土壤葡萄园灌水 2 次，灌水定额 16～18m^3/亩，追肥 1 次，总量 4～5kg/亩；壤质土壤葡萄园灌水 1 次，灌水定额 23～25m^3/亩，追肥 1 次，总量 4～5kg/亩。

（4）坐果期至小果期（6 月下旬～7 月上旬）。果实负载量增加，加强肥水管理。砂质土壤葡萄园灌水 3 次，灌水定额 13～14m^3/亩，追肥 1 次，总量 4～5kg/亩；壤质土壤葡萄园灌水 2 次，灌水定额 18～20m^3/亩，追肥 1 次，总量 4～5kg/亩。

（5）闭穗期（7 月中旬～7 月下旬）。浆果硬核期，应加强肥水管理。砂质土壤葡萄园灌水 3 次，灌水定额 18～20m^3/亩，追肥 2 次，总量 8～10kg/亩；壤质土壤葡萄园灌水 3 次，灌水定额 18～20m^3/亩，追肥 2 次，总量 8～10kg/亩。

（6）转色期至落叶期（8 月上旬～10 月中旬），控制灌水。砂质土壤葡萄园灌水 3 次，灌水定额 13～14m^3/亩，追肥 2 次，总量 8～10kg/亩；壤质土壤葡萄园灌水 3 次，灌水定额 12～14m^3/亩，追肥 2 次，总量 8～10kg/亩。

（7）休眠期前（10 月下旬～11 月上旬），灌水定额 40～50m^3/亩。壤质土壤葡萄园埋土应比砂质土壤葡萄园提前 5～7 天。

（8）生长期内追肥可用专用滴灌肥，亦可选用多种单质水溶肥。采用单质肥，参照纯营养元素配比施用。氮素可用尿素替代，磷素可用磷酸一铵替代，钾素可用硫酸钾替代。例如，施用 4kg 的 N：P_2O_5：K_2O 配比为 30-8-10 酿酒葡萄滴灌专用肥，配方肥折算成尿素（N≥46%）2.78kg、磷酸一铵（P_2O_5≥48%）0.67kg、硫酸钾（K_2O≥49%）0.82kg。

5.6　系统及管路维护

5.6.1　过滤设备运行及维护

5.6.1.1　运行程序

过滤器安装好后，应先冲洗，开启水泵前认真检查过滤器各部位是否正常。各个阀门此时应处于关闭状态，确认无误后再启动水泵。

缓慢开启泵与过滤器之间的控制阀，使阀门开启到一定位置，不要完全打开，以保证水流稳定，提高过滤精度。

水泵开启后，应使其运转 3～5min，使系统中的空气由排气阀排出，待完全排空后打开压力表旋塞。

缓慢开启过滤器后边的控制阀使其与前一阀门处于同一开启程度，保证过滤水流稳定。

过滤器在运行中，应对其仪表进行认真检查，并对运行情况做好记录。

施肥时，应缓慢关闭两球阀间的闸阀，按施肥罐操作程序逐步开启；停灌后，应先缓慢关闭过滤器后边的控制阀门，也可反复对过滤器进行反冲洗（王锐和孙权，2016）。

5.6.1.2　维护措施

必须保证在实际运行中，过滤器的最大实际流量小于设计流量，严禁超流量运行，以免影响过滤效果。

当过滤器前后压力差≥0.1MPa 时，就要反冲洗过滤器。

叠片过滤器清洗方法是将过滤器拆开拿出叠片置于清水中清洗，清洗干净后把叠片放回，盖上过滤器的盖子用封闭阀封闭。

当网式过滤器进出口压差超过 0.03MPa 时，要立刻对网芯进行清洗。按要求装配好，重新装入过滤器。

离心过滤器集砂罐设有排砂口，工作时要经常检查集砂罐，定时排砂，以免罐中砂量太大，使离心过滤器不能正常工作。滴灌系统不工作时，水泵停机，清洗集砂罐。

进入冬季，为防止整个系统冻裂，要打开所有阀门，把水排干净。压力表等仪表装置应卸下妥善保管。

5.6.2 施肥设备运行及维护

5.6.2.1 运行程序

施肥设备操作：追肥应结合灌水，水肥一起施入。

滴肥液前先滴清水 20～30min，肥液滴完后再滴清水 20～30min。发现滴灌孔堵塞时可打开滴灌带末端的封口，用水流冲刷滴灌带内杂物。

追肥时要准确掌握肥料用量，首先计算出每个轮灌区的施肥量，然后开始追肥。

追肥时，提前溶解好的肥液或液体肥料加入量不应超过施肥罐容积的 2/3，然后注满水；加好肥料后，盖上盖子并拧紧盖子螺栓。先开施肥罐出水球阀，再打开其进水球阀，稍后缓慢关闭两球阀间的闸阀，使其前后压力差比原压力表增加约 0.05MPa，通过增加的压力差将罐中肥料带入系统管网中，开始追肥。每次一般需要 20～40min 追完（陈囡囡等，2019）。

滴施完一轮灌组后，将两侧球阀关闭，先关进水球阀后关出水球阀，将罐底球阀打开，把水放尽，再进行下一轮灌组滴施。

5.6.2.2 维护措施

罐体内肥料应充分溶解，否则影响滴施效果，堵塞罐体。

滴施肥应在每个轮灌小区滴水 1/3 时间后才可滴施，并且在滴水结束前半小时应停止施肥。

轮灌组更换前应有半小时的管网冲洗时间，避免肥料在管内沉积。

每次施肥完毕后，应对过滤器、施肥器进行冲洗。

5.6.2.3 管网维护

主管管网灌溉前第一次使用时应进行管道清洗。

在灌溉系统运行中，定时检查首部系统、管路运行情况，确保灌溉过程中无意外漏水发生，滴头不滋水、不堵塞。

滴灌管如遇堵塞，可将滴灌管尾头解开，放水冲洗即可。

注意夜间低温时滴管会收缩，接头处应连接牢固；毛管铺好后，滴灌系统必须冲洗，滴管末端有水流出后安装滴管堵头（刘艾英等，2018）。

年度灌溉结束后，应将地面支管洗净卷好，置于干燥、通风、阴凉处保存，并防止鼠、虫等危害。

主要参考文献

陈囡囡, 朱德兰, 柏杨, 等. 2019. 水肥一体化灌溉施肥机吸肥性能试验研究. 节水灌溉, (5): 17-20, 26
陈天祥, 王锐, 纪立东, 等. 2016. 水肥耦合在贺兰山东麓酿酒葡萄上的应用效果研究. 节水灌溉, (6): 19-23
葛新伟, 张霞, 王锐, 等. 2017. 滴灌条件下酿酒葡萄园土壤速效养分和水分迁移特征. 节水灌溉, (12): 52-55
李久生, 李益农, 栗岩峰, 等. 2018. 现代灌溉水肥精量调控原理与应用. 中国水利水电科学研究院学报, 16(5): 373-384
李磊. 2017. 调亏灌溉对酿酒葡萄综合特性及葡萄酒质量的影响. 宁夏大学硕士学位论文
李磊, 纪立东, 王锐, 等. 2016. 灌溉管理措施对贺兰山东麓半干旱区酿酒葡萄的影响. 北方园艺, (12): 7-11
李伟, 陈伟能, 田敏, 等. 2021. 滴灌轮灌分组优化模型与算法. 农业工程学报, 37(10): 73-81
刘艾英, 张梅萍, 同彦成, 等. 2018. 葡萄简易水肥一体化施肥技术应用效果调查. 中外葡萄与葡萄酒, (2): 32-35
刘永华, 沈明霞, 蒋小平, 等. 2015. 水肥一体化灌溉施肥机吸肥器结构优化与性能试验. 农业机械学报, 46(11): 76-81, 48
马蕾, 葛新伟, 王锐, 等. 2019. 滴灌专用肥对酿酒葡萄'赤霞珠'生长、品质以及产量的影响. 上海农业学报, 35(5): 61-65
王锐, 孙权. 2016. 基于水肥一体化的酿酒葡萄高效栽培与效益分析. 农业机械学报, 47(10): 115-121
王锐, 孙权. 2020. 宁夏贺兰山东麓优质酿酒葡萄栽培的土壤管理技术. 北京: 中国农业科学技术出版社
王锐, 王竞, 杨玉春, 等. 2019. 配施中微量元素对宁夏酿酒葡萄产量及品质的影响. 中国土壤与肥料, (6): 166-171
王潇, 王振龙, 王锐, 等. 2020. 宁夏贺兰山东麓洪积扇区酿酒葡萄对水肥一体化响应. 水土保持学报, 34(2): 269-275, 282
张丽萍, 周喜荣, 张筠筠, 等. 2020. 不同施锌量对酿酒葡萄"赤霞珠"锌含量及其品质的影响. 中国土壤与肥料, (3): 69-74

第 6 章　病虫害合理防治规范

与其他有害生物管理体系一样，葡萄病虫害的合理防治，是从葡萄园生态系统总体出发，根据有害生物和环境之间的相互关系，充分发挥自然控制因素的作用，因地制宜地协调应用必要的措施，将有害生物控制在经济受害允许水平之下，以获得最佳的经济、生态和社会效益。要达到上述目的，就必须坚持“预防为主，综合防治”的原则，在葡萄生产中进行病虫害规范化防控（顾沛雯和辛明，2018；李华，2004）。

6.1　源头控制技术

源头控制技术包括植物检疫和检测，规避或避开病虫源，利用无病毒的材料，开展无病毒苗木繁育技术的研究。充分利用生物学、血清学、分子生物学等检测手段，建立葡萄病毒病的脱毒技术体系，其中包括脱毒、病毒检测、无病毒苗木繁育圃的建立等，避免或减少因带毒材料在大田的繁殖、传播而带来的损失（顾沛雯，2021）。

6.2　过程阻断技术

坚持“自然控制为主，人工防治为辅”的原则，开展增强树体抗性保健栽培模式，以减轻病虫害发生。①通过控制葡萄病虫害发生的耕作制度和栽培技术措施的实施，强化葡萄园可控生态因子，通过生态调控，减少因化学农药的使用而造成的环境、产品的污染，使病虫害的发生数量相对稳定地保持在较低水平，将其危害长期控制在经济允许的水平之下。例如，葡萄园生草覆盖，可以明显降低新梢的长势，促进根系发育，改善葡萄园微气候，预防相应的病虫害和缺素症的发生。②采用形式多样的物理防治，如频振式杀虫灯诱捕害虫、悬挂黄板诱捕斑叶蝉等，用以控制早期虫害的发生。③通过区域病虫害监测、预警信息系统的建立，及时阻断流行性病虫害的为害（黄治忠等，2019；顾沛雯和辛明，2018）。

6.3　末端治理技术

加强关键期药剂的应用，在生态区连片集中种植的区域提倡“统防统治”，鼓励建立包括植保在内的农业技术服务中心，“统一使用喷药器械、统一用药、统一规范施药方法”，以提高病虫害防治效果和葡萄生产效率。

6.4　葡萄园新型实用防治技术

6.4.1　葡萄园生草覆盖

葡萄园生草覆盖就是在葡萄园中种草或利用野草对所有或者部分裸露地面进行覆盖。该项技术是农业防治措施的重要环节之一。

葡萄园生草覆盖有以下优点：①防止水土流失；②提高土壤的空隙度，改善土壤结构和养分状况；③增加葡萄根系和根际有益微生物的富集，提高葡萄的抗逆性和品质；④合理的生草制可以募集有害昆虫的天敌，减少有害昆虫的数量；⑤合理的生草覆盖可以改善葡萄园微气候环境，阻止恶性杂草的蔓延，减少除草剂的用量。

然而，不合理的生草制会造成草与葡萄的竞争，特别是对水分、氮素等营养物质的竞争。竞争的结果会导致葡萄植株长势和产量的下降。这会给土层浅或水分亏缺的土壤带来一些问题。一般建议，在葡萄定植后 4～5 年，当葡萄植株的根系下扎到深层土壤后进行生草覆盖。在决定利用葡萄园生草覆盖时，必须进行以下工作：①确定生草目的；②根据生草目的选择生草覆盖的比例；③在生草前观察葡萄的长势，以分析生草可能出现的问题；④防止在幼龄葡萄园（通常定植不到 4 年）中生草；⑤如果要降低草与葡萄间的竞争，则应限制生草的比例，或者隔行生草；⑥在所有情况下，地头和葡萄园周围都应生草；⑦生草覆盖中对草的管理主要是进行剪草，剪草的次数与草的长势、土壤种类和气候有关，一般为一年 3～5 次（李华，2004）。

6.4.2　葡萄缺素症的预防

与其他多年生果树一样，葡萄对矿物营养吸收不足，也会导致树势和产量的降低，严重时会导致植株的死亡，葡萄和葡萄酒的质量也会下降。

6.4.2.1　土壤观测

估计土壤肥力和预防葡萄缺素症的主要方法是土壤分析和叶柄诊断。通过土壤钻孔取样或对土壤剖面的观测，了解土壤结构，获得对于改善土壤-植株关系非常重要的信息。这在葡萄定植以前尤为重要：①了解土壤的结构是否均匀一致；②便于确定排灌系统，对土壤剖面的观测，可以了解各土层的状况，有利于合理地安排排灌系统；③使植株更适合土壤状况，根据土壤湿度、可能的干旱及肥力状况等，可以更合理地确定品种、栽培方式等；④便于确定土壤管理方式，通过对土壤剖面的观测，可以确定葡萄园是否生草或清耕，以及是否需要深翻松土等；⑤便于确定施肥方案，土层深度、砂石含量、有机层的状况及根系的分布等，都是合理施肥的必要条件。

6.4.2.2 土壤分析

在定植前或定植后，对土壤进行化学分析，了解土壤的营养状况，是合理施肥的基础。例如，对于酸性土壤，施入适量的石灰和有机质，可以提高土壤的 pH，改善土壤结构，有利于葡萄对矿质元素的吸收，从而防止缺素症的出现（何甜甜等，2021）。每 5 年对土壤进行一次分析，可了解土壤的肥力状况和施肥效果。但是，只了解土壤中各种元素的有效含量是不够的，因为葡萄对营养成分的吸收还受土壤结构、湿度、黏度及根系的分布状况等因素的影响。

6.4.2.3 叶柄分析

通过叶柄分析可以了解葡萄对养分实际的吸收状况。叶柄分析的最佳取样时间是转色中期。实际上，葡萄的营养状况，包括叶柄的成分，是随着物候期的变化而变化的。而在转色中期的叶柄分析结果，最能代表葡萄植株的营养状况，所以也最为可靠。叶柄分析可使我们确切地了解葡萄的营养状况，特别是对于钾和镁，可在表现症状前预测缺素的危险；叶柄分析对于预测缺磷症也有特殊的作用，因为葡萄在缺磷时并不表现症状。但是，在确定施肥量时，土壤分析仍然是不可缺少的，因为施肥量必须根据土壤的结构和离子交换能力而定。

6.4.2.4 葡萄园观测

上述方法必须与葡萄园状况及葡萄植株表现的观测相结合，才能有效地防止葡萄的缺素症。实际上，植株的长势过旺或负载量过大，也会提高葡萄出现缺素症的危险。对当年天气状况的分析，也非常有利于预测下一年可能出现的缺素症。例如，在钙质土区域，如果去年冬天和当年春天降水较多，则会出现碳酸盐溶解和流失的情况，而造成当年缺铁失绿症的发生（李华，2004）。

葡萄主要缺素症的症状见图 6-1。

6.4.3 缺素症治疗的一般方法

一般而言，治疗缺素症的方法有土壤施肥、根外追肥和改善土壤-植株关系 3 种。

图 6-1　主要缺素症症状（李华，2004）

6.4.3.1　土壤施肥

对缺素症的根本治疗是通过土壤施肥来实现的，其原则是“缺什么补什么”。施入的量和时间应根据土壤亏缺量和土壤类型而定。如果土壤的亏缺量太大，则所需补充的量必须分几年施入。相关肥料一次性施入的高限如下：N：50～60kg/hm^2，即 3.5～4.0kg/亩；K_2O：150（砂质土）～300（黏土）kg/hm^2，即 10～20kg/亩；MgO：150（砂质土）～250（黏土）kg/hm^2，即 10～16kg/亩。

为了避免土壤中各种营养成分间的失衡，不能夸大治疗的用量。对于缺氮症，如果施入的氮肥过多，会严重降低葡萄的质量；对于砂质土中的缺钾症，钾肥施入过多，则会由于钾与镁的拮抗作用而导致缺镁症的出现；在治疗缺硼症时，如果施入的硼超过 5～10kg/hm^2（根据土壤类型而不同），则可能导致发生硼害，且硼害是很难逆转的。

6.4.3.2 根外追肥

根外追肥只能作为土壤施肥的补充措施，主要在葡萄根系的吸收功能受到影响时使用。在缺素症较轻的情况下，根外追肥可以保护叶幕，使光合作用顺利进行，从而保证当年的葡萄质量。此外，在土壤施肥的效果还没表现之前，根外追肥是非常有用的，特别是对于黏重的土壤。对于一些特殊的缺素症，如通常是诱发性的缺镁症，根外追肥的效果要比土壤施肥好得多。对于微量元素的缺素症，由于葡萄植株对其所需的量很小，根外追肥的效果非常好。

6.4.3.3 改善土壤-植株关系

除通过土壤施肥和根外追肥给葡萄补充所亏缺的矿质元素外，一些农业措施也可通过改善土壤-植株关系而有效地防止缺素症：①对板结的土壤进行深翻松土，可提高土壤透气性，有利于有机质的矿化和根系下扎；②在缺铁失绿症可能存在的地区，如果春天多雨，则应避免进行土壤耕作，以防土壤返碱；③通过生草覆盖控制新梢长势；④在产量过高的情况下，应降低植株的负载量；⑤选择适合土壤状况的砧木；⑥提高叶幕面积等。

总之，对缺素症的防治，是葡萄病虫害合理防治的重要组成部分，其原则还是预防为主，防重于治（表 6-1）。因为如果葡萄一旦表现出某种元素的缺素症，

表 6-1　葡萄缺素症的预防措施

土壤施肥			根外追肥	
种类	用量	时期	种类	时期
缺氮症：除草，施入有机肥				
无机氮肥，有机氮肥，有机肥	50～60（N）kg/hm^2	有机肥：秋～冬；硝酸类肥料：发芽前	尿素（6kg/hm^2）或硝酸钾（10kg/hm^2）	防止葡萄汁缺氮；闭穗期—转色末期；出现缺氮症；更早
缺钾症：砧木：避免使用 420A、3309C、41B；提高叶果比；限制或取消镁肥和氮肥；定植时多施钾肥（沙土：≤200kg K_2O/hm^2；黏土：≤700kg K_2O/hm^2）				
硫酸钾，氯化钾	K_2O：≤150（砂质土）～300（黏土）kg/hm^2	沙土：春天；黏土：秋或初冬；沟施	硝酸钾或硫酸钾（10kg/hm^2）	如果症状早（如花期），则在其出现后喷 5～6 次

续表

土壤施肥			根外追肥	
种类	用量	时期	种类	时期
缺镁症：砧木：避免使用 SO4、44-53、Fercal；提高叶果比；限制或取消钾肥；定植时多施镁肥（≤500kg MgO/hm^2）				
根据土壤 pH，可选用硫酸镁或钙–镁改土肥料	MgO：≤150（砂质土）～250（黏土）kg/hm^2	无限制	硝酸镁（$6kg/hm^2$）或硫酸镁（$40kg/hm^2$）	如果症状早（如花期），则在其出现后结合防病喷数次
缺铁症：选用抗性砧木；如果春天多雨，则应避免土壤耕作，以防止返碱				
硫酸亚铁粉剂 10%的绿矾溶液	$2～3t/hm^2$ 10L/株	冬末	绿矾（$0.7～0.8kg/hm^2$）	出现症状马上喷 3 次，每次间隔 15 天；不能与铜制剂混用
缺硼症：提高土壤 pH				
硼砂，石灰	$4～7kg/hm^2$ 硼	休眠期	硼酸钠（$2～3kg/hm^2$）	出现症状马上喷2～3 次
缺锰症：使用含锰农药				
硫酸锰	$50kg/hm^2$	属诱发性缺素症，效果不佳	含锰农药；硫酸锰（$5kg/hm^2$）	花期前后 2～4 次
缺锌症：使用含锌农药；限制使用磷肥				
5%硫酸锌溶液	5L/株	冬季	0.5%硫酸锌	出现症状马上喷施

治疗起来有时是非常困难的。通过土壤分析与叶片诊断相结合，可以制订出一套防止葡萄缺素症的良好方案，但对土壤剖面和葡萄表现的观测及气候状况的分析，对品种、砧木的选择，以确定适宜的栽培方式和农业措施也是非常必要的，这些都对防止葡萄缺素症的发生具有重要的作用。在发生葡萄缺素症的情况下，根外追肥能很快表现出效应，但对缺素症的根本性治疗，还必须依赖土壤施肥和土壤改良（李华，2004）。

6.4.4　倒春寒的预防

由于我国的葡萄栽培区大多处在大陆性季风气候区域，早春气温变化剧烈，且干旱多风，尤其是春季易受西伯利亚寒流的袭击，晚霜冻的发生相当频繁。葡萄春季萌芽早，萌芽后往往会遭到晚霜冻的危害，轻者使新梢梢尖发生冻害，重者则使新梢、叶片及花序发生冻害，造成减产甚至绝收，且出现的频率越来越大，时间越来越晚，危害也越来越重。有些地区晚霜危害已成为葡萄产业发展的限制因子，严重影响着葡萄生产的发展（刘俊等，2011；王正平等，2004）。众多学者认为，不同发育期酿酒葡萄植株枝条不同部位的抗冻性不同，春季葡萄开始萌芽时，未开放芽的抗冻能力相对较强，开放芽次之，新梢的抗冻能力最弱；如遇–3℃以下的低温，则萌动的芽受冻，抽出新梢后若遇–1℃的低温，其嫩梢和幼叶便出现受冻症状，始花期如遇 0℃以下的低温，则其花器受冻，即使气温未低到如此程度，只要天气由能使葡萄新梢旺长的温度突然降至 5℃以下，也会造成霜冻（段晓凤等，2014，2017；蒯传化等，2010）。

以贺兰山东麓产区为例，2020 年贺兰山东麓葡萄酒产区普遍遭受严重的晚霜低温冻害。据官方统计，此次受灾程度较重的酿酒葡萄面积达到 25 万亩，占当地葡萄园总面积的约 46%，受冻区域酿酒葡萄预计损失 30%～60%（陈卫平等，2020）。因此，对倒春寒的预防至关重要。

为减轻倒春寒影响，可采取以下几点进行防治：①埋土的产区要将出土时间适当提前，在土温达到 10℃前出土，避免枝条在土中伤流甚至萌芽，出土时受到损伤，同时使枝条春季适度抗寒锻炼，增强抗寒性。②春季低温前，在留芽部位机械喷施一遍生物可降解液态膜（BLF），以保护葡萄植株。生物可降解液态膜内含独特成膜剂，能在葡萄表面形成一层物理保护膜，起到保温、保水的作用，减少了枝条与环境的水分交换，从而避免冰晶伤害，防止枝条抽干。试验结果显示，喷施可降解液态膜的葡萄与正常埋土的葡萄相比，萌芽期延后 5～10 天，可减轻倒春寒危害，且后续物候期无显著差异，不会影响果实的成熟度与品质（Han *et al.*，2021；Xue *et al.*，2019）。③喷施生物可降解液态膜后及时漫灌，对防止倒春寒至关重要。

土壤湿度是影响冻害最主要的因子之一，土壤湿度增大时，葡萄园内空气湿度也随之提高，降低了田间热量的辐射损失，从而抵御了霜冻的形成。土壤水分越大，其效果就越明显。

6.5 葡萄园病虫害的化学防治

6.5.1 葡萄园常用药剂

（1）葡萄园常用保护性杀菌剂：无机硫制剂——石硫合剂、硫悬浮剂、矿物油等；无机铜制剂——波尔多液、王铜（氧氯化铜）、必备（波尔多液）等；有机硫杀菌剂——代森锰锌、福美双等。

（2）防控葡萄霜霉病药剂：烯酰吗啉、霜脲氰、精甲霜灵、缬霉威（霉多克）、霜霉威、唑醚代森联、嘧菌酯、乙磷铝等。

（3）防控葡萄灰霉病药剂：腐霉利、嘧霉胺、乙霉威、啶酰菌胺、嘧菌环胺、氟啶胺、多菌灵、甲基硫菌灵、多抗霉素等。

（4）防控葡萄白粉病药剂：醚菌酯、吡唑醚菌酯、腈菌唑、大黄素甲醚、乙嘧酚、四氟醚唑、武夷菌素、苯醚甲环唑、氟硅唑、戊唑醇、硫黄制剂等。

（5）防治缺节瘿螨药剂：阿维菌素、哒螨酮等。

（6）防治斑叶蝉药剂：啶虫醚、高效氯氰菊酯、吡蚜酮、噻虫嗪、吡虫啉、藜芦碱、天然除虫菊素、鱼藤酮、复合烟碱等。

6.5.2　农药科学使用的原则

（1）对症施药：必须针对主要病虫害的种类选择相宜的农药，才能达到控制病虫害的目的。在病害的防治过程中，化学防治应以保护剂为主，注意保护剂和治疗剂的配合使用。

（2）注意施药质量：施药质量是决定防治效果的重要环节，在喷洒农药时必须均匀。

（3）适时用药：一方面应在防治病虫害的关键时期用药，另一方面应充分发挥农药的潜能。

（4）药剂的轮换使用：不仅可阻止或减缓病虫害对农药产生抗性，还可有效减少某种化学农药的残留量。

（5）注意农药的安全间隔期：影响农药安全间隔期的因素很多，包括最大无副作用剂量、安全系数、食品的日摄入量、在植物体内的分解半衰期、农药的使用次数等。所以在葡萄病虫害的合理防治过程中，必须严格按照农药的安全间隔期使用农药（张水琳，2017）。

（6）农药使用记录：在每次使用农药后，都应记录所使用的农药名称、用量、时间等，这一方面可检验农药的使用效果，另一方面也是绿色葡萄产品生产必备的材料。

6.5.3　葡萄园主要病虫害防治的关键时期

根据葡萄物候期的进展和病虫害发生发展的规律，我们将葡萄主要病虫害防治的关键时期及其防治措施列入表 6-2，该表也可作为葡萄主要病虫害的综合防治年历（顾沛雯，2021）。

表 6-2　葡萄主要病虫害防治年历及防治方案

葡萄生长阶段	防治对象	防治措施
萌芽前：惊蛰以后，温度稳步回升，树体开始活动，葡萄进入吐绒期到绒球见绿阶段	各种越冬病菌、虫卵、螨类。尤其是成龄葡萄园在经过上一年的生产之后，在园地当中积累了大量的病菌和虫卵等，待到来年温度、湿度等达到病虫活动的条件时（惊蛰前后），会再次开始活动、繁殖，危害树体	①清园：剥除老翘皮，剪除病残枝，树体伤流前完成树体复剪工作；人工抹除树体、立柱、架材等上面的虫卵；将枯枝落叶等集中带出园地，进行烧毁或深埋；喷施清园药剂等，消灭越冬病虫卵等。②清园药剂：常见清园方式是利用石硫合剂的强碱性，进行病菌、虫卵的灼烧、触杀，同时进行外界病菌等的隔绝，起到保护作用。可用45%晶体石硫合剂50倍液，或24%甲硫·己唑醇悬浮剂1000倍液+15%氯氟·吡虫啉悬浮剂1000倍液+440g/L 丙溴磷·氯氰菊酯乳油1000倍液等喷施

续表

葡萄生长阶段	防治对象	防治措施
2～3 叶期：叶片陆续展开，新梢进入快速生长阶段，幼嫩组织增多，各类病虫集中潜入侵染	主要病害：黑痘病、灰霉病、白腐病、白粉病等 主要虫害：绿盲蝽、蚜虫、金龟子等	①清园，消灭越冬虫卵。②灯诱、醋诱、粘虫板捕杀害虫。③药剂防治，建议使用 3 次杀菌剂，1～2 次杀虫剂。常见药剂：45%唑醚·甲硫灵悬浮剂 1500 倍液+1.8%阿维菌素乳油 1000 倍液；80%代森锰锌可湿性粉剂 800 倍液+4%高效氯氰菊酯乳油 1000 倍液；45%唑醚·甲硫灵悬浮剂 1500 倍液+40%苯醚甲环唑悬浮剂 4000 倍液+15%氯氟·吡虫啉悬浮剂 1500 倍液等
花序展露期：此时葡萄叶片有 5～6 片展开，花序已清晰可见	主要病害：灰霉病、黑痘病等 主要虫害：绿盲蝽、红蜘蛛、斑衣蜡蝉等	①苗木消毒，利用抗病品种。②生物防治，采用斑衣蜡蝉天敌螯蜂对其进行捕杀。③药剂防治：80%代森锰锌可湿性粉剂 500～800 倍液+16%多抗霉素 B 可溶粒剂 2500～3000 倍液+15%氯氟·吡虫啉悬浮剂 1500 倍液；40%嘧霉胺悬浮剂 1500 倍液+30%敌百虫乳油 1000 倍液等
花序分离期：花序基本长成，花蕾相互分离。此时期打理果苗可促进果穗发育，提高坐果率	主要病害：灰霉病、穗轴褐枯病、白腐病等 主要虫害：红蜘蛛、绿盲蝽等	①清除病原，加强栽培管理。②选用抗病品种。③药剂防治：58%甲霜·锰锌可湿性粉剂 1000 倍液、50%嘧菌酯水分散粒剂 1500～2000 倍液、40%嘧霉胺悬浮剂 1000 倍液、50%多菌灵可湿性粉剂 600～1000 倍液、36%甲基硫菌灵悬浮剂 800～1000 倍液
开花前：此时期是营养生长和生殖生长并行、转换的关键时期，也是人为干预（抹芽、摘心、花序整形等）最多的时期	主要病害：灰霉病、炭疽病、白腐病、霜霉病、穗轴褐枯病等 主要虫害：绿盲蝽、蓟马等	①清园，减少越冬虫卵病原菌。②粘虫板、杀虫灯诱杀害虫。③药剂防治：40%咯菌腈悬浮剂 3000～4000 倍液+40%烯酰吗啉悬浮剂 1500～2000 倍液+250g/L 嘧菌酯悬浮剂 833～1250 倍液+液体硼 2000 倍液；36%甲基硫菌灵悬浮剂 800～1000 倍液+液体硼肥 1500 倍液+糖醇锌肥 1500 倍液等
谢花后	主要病害：灰霉病、炭疽病、白腐病、溃疡病、霜霉病、白粉病等 主要虫害：绿盲蝽、斑衣蜡蝉等	落花后是防治病害的最关键时期，重点防治霜霉病和穗轴褐枯病，兼防灰霉病，同时注意锌肥的补充。①清除落叶、病枝深埋或烧毁。②清园时将园内的杂草特别是豆科和阔叶杂草清除干净，防止绿盲蝽寄生。③药剂防治：40%苯醚甲环唑悬浮剂 4000～5000 倍液+40%嘧霉胺悬浮剂 1500～3500 倍液；25%嘧菌酯水分散粒剂 1000～2000 倍液+80%代森锰锌可湿性粉剂 500～800 倍液等
幼果期：花的残留物脱落，幼果开始膨大，果穗逐渐成为悬挂状态	主要病害：霜霉病、炭疽病、白粉病、黑痘病、白腐病、溃疡病等 主要虫害：绿盲蝽、蓟马、金龟子等	①彻底清除病穗、病蔓和病叶等，以减少菌源。②粘虫板、杀虫灯诱杀害虫。③药剂防治：70%吡虫啉水；分散粒剂 7000 倍液；80%代森锰锌可湿性粉剂 500～800 倍液+40%烯酰吗啉悬浮剂 1600～2400 倍液；25%嘧菌酯悬浮剂 1000～2000 倍液等
坐果期：此时对果穗进行疏粒，等待葡萄坐稳果	主要病害：黑痘病、白腐病、白粉病、锈病、炭疽病、灰霉病、溃疡病、酸腐病等 主要虫害：蓟马、夜蛾等	①彻底清园，苗木消毒。②利用天敌小花蝽和姬猎蝽抑制蓟马的发生。③药剂防治：50%唑醚·丙森锌水分散粒剂 800～1600 倍液+5%己唑醇微乳剂 1600～2500 倍液；40%苯醚甲环唑悬浮剂 4000～5000 倍液+2%阿维菌素·高效氯氰菊酯乳油 3000～4000 倍液；50%啶酰菌胺水分散粒剂 500～1000 倍液+40%苯醚甲环唑悬浮剂 4000～5000 倍液等
着色期：减少农药使用次数，降低果实中农药残留及鸟类危害等	主要病害：霜霉病、炭疽病、褐斑病、灰霉病、溃疡病等 主要虫害：蓟马、鸟类、红蜘蛛等	①彻底清除病穗、病蔓和病叶等，以减少菌源。②架设防鸟网、人工驱鸟、置物驱鸟等。③药剂防治：58%甲霜·锰锌可湿性粉剂 1000 倍液+25%己唑醇悬浮剂 8350～11 000 倍液+2%阿维菌素·高效氯氰菊酯乳油 3000～4000 倍液等

续表

葡萄生长阶段	防治对象	防治措施
转色成熟期：该时期重点工作是保叶，确保养分供应，保证果实正常成熟	主要病害：溃疡病、炭疽病、白腐病、酸腐病、黑霉病、霜霉病 主要虫害：红蜘蛛、鸟类等	①及时整枝，抬高结果部位，及时除草，注意排水。 ②药剂防治：45%唑醚·甲硫灵悬浮剂 1000～1500 倍液+40%苯醚甲环唑悬浮剂 4000～5000 倍液+5%阿维·哒螨灵乳油 1000～2000 倍液+0.2%磷酸二氢钾；40%苯甲·吡唑酯悬浮剂 1500～2000 倍液+0.2%磷酸二氢钾+0.3%苦参碱水剂 600～800 倍液等
采收后	主要病害：霜霉病、白粉病、褐斑病等 主要虫害：斜纹夜蛾、红蜘蛛等	对药剂无特殊要求，可选择 80%硫黄水分散粒剂 500～1000 倍液、10%高效氯氟氰菊酯水分散粒剂 2000～3000 倍液、1%苦皮藤素水乳剂 4000～5000 倍液、21%氰戊·马拉松乳油 2800～4200 倍液等性价比较高的常规产品。此时期用药要注意浓度的选择，不宜过高，否则容易烧叶，同时药液沉积在叶片表面，容易堵塞气孔，影响正常的光合作用，应做到均匀，树体、架材和地面应喷施到位

资料来源：顾沛雯，2021

6.5.4　葡萄园主要病虫害防治的技术规范

6.5.4.1　葡萄霜霉病

葡萄霜霉病菌（*Plasmopara viticola*）可危害葡萄的所有绿色幼嫩组织，主要危害叶片，其次是新梢、花序、幼果和卷须等，发病后的主要症状特点是在叶片背部产生白色霜霉状物，发病严重时，常造成大量落叶、落果，甚至造成植株死亡（图 6-2）。

图 6-2　葡萄霜霉病症状（张强强摄，2020）

霜霉病防治以药剂防治为主，及时控制树形、促进果园通风透光、降低小气候湿度为辅，且药剂防治时必须喷药及时、均匀（图 6-3）。

霜霉病是一种典型的流行性病害，病菌从侵入到发病需要 3～5 天。在条件适宜时，从田间出现中心病株到全田普发，仅需 10～15 天。药剂防治是目前霜霉病防治的最主要措施。

葡萄发芽前，可对植株和附近地面喷施 1 次 3～5°Bé 的石硫合剂或 45%晶体

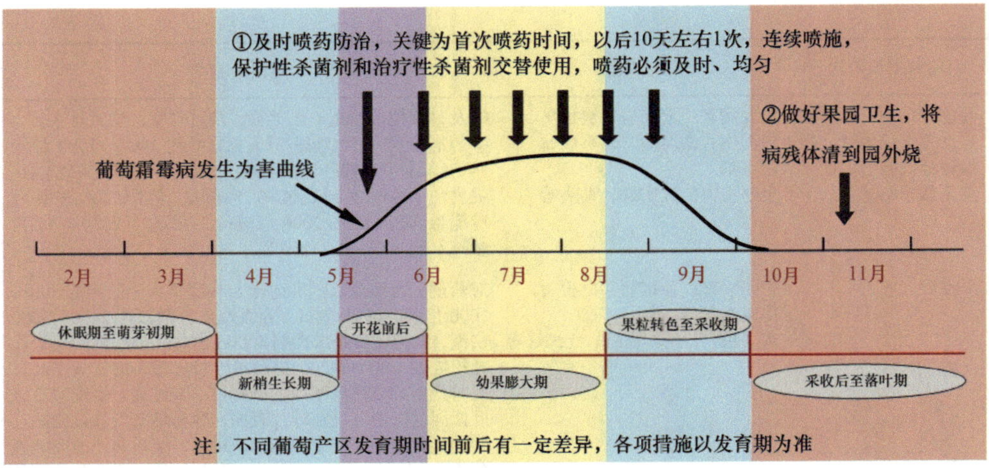

图 6-3　葡萄霜霉病防治年历

石硫合剂 30 倍液或 50%硫悬浮剂 200～300 倍液，这类药剂杀菌杀虫杀螨，对越冬菌源有较好的铲除效果，可减少初次侵染源。

预防（5 月中下旬或开花前后）：当昼夜平均气温达 13～15℃，同时又有雨、露等高湿条件出现时，即为第一次喷药时间。可选用保护性杀菌剂：有半量式/等量式波尔多液 150～200 倍、70%丙森锌（安泰生）可湿性粉剂 500～700 倍、80%代森锰锌（喷克）可湿性粉剂 600～800 倍、78%波尔·锰锌（科博）可湿性粉剂 500～600 倍液、77%硫酸铜钙（多宁）可湿性粉剂 600～800 倍液、50%克菌丹（美派安）可湿性粉剂 600～800 倍液、70%代森联水分散粒剂 600～800 倍液、68.75%噁酮·锰锌（易保）水分散粒剂 1000～1500 倍液和 75%百菌清可湿性粉剂 600～800 倍液等（顾沛雯，2021）。

发病初期，可选用保护性加内吸性杀菌药剂：1.5%多抗霉素（黏菌素）可湿性粉剂 300～500 倍、69%烯酰吗啉·代森锰锌可湿性粉剂 1000～1500 倍、66.8%丙森锌·缬霉威（霉多克）可湿性粉剂 700～1000 倍、50%甲霜灵·乙膦铝可湿性粉剂 750～2000 倍、60%唑醚·代森联水分散剂 50～80g/亩、58%甲霜灵·代森锰锌（瑞毒霉）可湿性粉剂 300～400 倍液、64%噁霜灵·代森锰锌（杀毒矾）可湿性粉剂 800～1200 倍、69%烯酰·锰锌水分散粒剂 600～800 倍、60%锰锌·氟吗啉可湿性粉剂 600～800 倍、85%波尔·霜脲氰（克普定）可湿性粉剂 600～800 倍、85%波尔·甲霜灵（异果定）可湿性粉剂 600～800 倍、72%甲霜·锰锌（稳好）可湿性粉剂 600～800 倍、72%霜脲·锰锌可湿性粉剂 600～800 倍液和 68%精甲霜·锰锌水分散粒剂 600～800 倍等（刘梅等，2020）。

病害发生中期，可选用应急药剂，即内吸性加治疗性杀菌剂：80%烯酰吗啉水分散剂 4500～5000 倍、20%氟吗啉可湿性粉剂 800～1000 倍、40%霜脲氰可湿性粉剂 800～1000 倍、25%精甲霜灵可湿性粉剂 2000～2500 倍、72.2%霜霉威水分散剂 500～800 倍、25%嘧菌酯（阿米西达）悬浮剂 25～50mL/亩、50%甲呋酰胺可湿性粉剂 800～1000 倍、唑菌胺酯水分散剂 1000～2000 倍、25%双炔酰菌胺悬浮剂 1500～2000 倍、12.5%噻唑菌胺可湿性粉剂 1000 倍、10%氰霜唑悬浮剂 2000～2500 倍、25%烯肟菌胺·霜脲氰可湿性粉剂 2250～4500 倍等药液。为防止病菌产生抗药性，以上药剂应交替使用（马红丽和张建新，2008；孙冬梅和李爱芹，2013；普继雄等，2021）。

在防治过程中，应注意以下要点：葡萄霜霉病是葡萄上常发的流行性病害，病害具有潜育期短、再侵染频繁、病原物繁殖率高的特点，因此对该病害的防治必须以预防为主；各品种在病害发生前应以保护性杀菌剂进行预防，病害发生初期要及时以内吸性杀菌剂进行防治，间隔 10～15 天 1 次，一般连续用药 2～3 次则可控制病情。具体喷药间隔期视降雨情况或湿度条件而定，多雨潮湿时间隔期宜短，少雨干旱时间隔期可适当延长；另外，雨后需随时补喷药剂，若先喷波尔多液，应在用药 7 天后才能用其他药剂。具体用药时，建议保护性杀菌剂和治疗性杀菌剂交替使用，且不同类型治疗性杀菌剂也要交替使用，以免病菌产生耐药性；无论哪种杀菌剂喷药时都必须喷洒均匀、周到，使叶片正面、背面及果穗表面均要着药。采收前 1.5 个月以内尽量不要使用波尔多液或代森锰锌，以免药液污染果面，影响果品质量（顾沛雯和辛明，2018）。

6.5.4.2　葡萄白粉病

葡萄白粉病菌（*Uncinula necator*）主要危害葡萄的叶片、果穗及幼嫩枝蔓等绿色组织，发病后的主要症状特点是在叶片表面产生一层白粉状物，后生小黑点，为病菌的闭囊壳（图 6-4）。

图 6-4　葡萄白粉病症状（王雯雯摄，2021）

葡萄白粉病防治应在葡萄越冬前后防治的基础上，加强栽培管理，紧紧抓住葡萄适期防治，控制病情发生（图 6-5）。

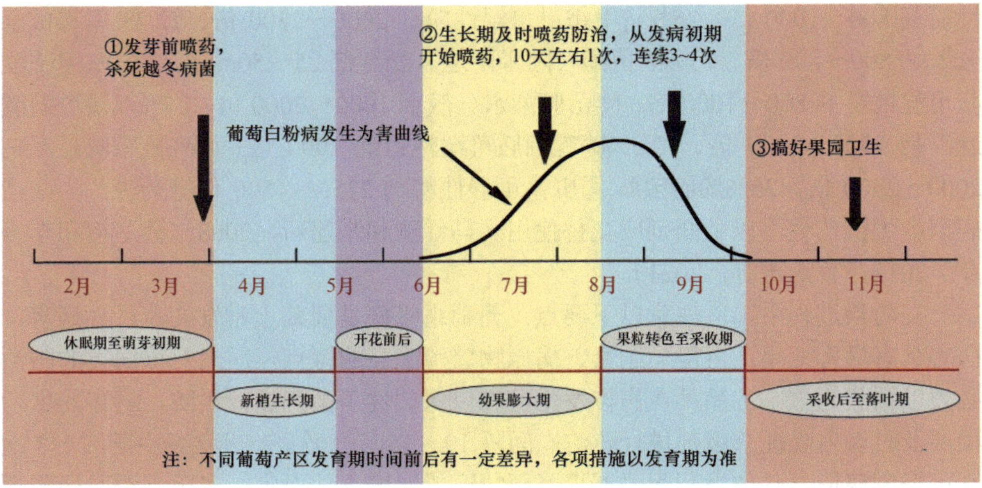

图 6-5　葡萄白粉病防治年历

化学防治葡萄白粉病应在落花后至果实膨大初期进行。从发病初期开始喷药，10 天左右 1 次，北方葡萄产区连喷 2～3 次，南方葡萄产区连喷 3～4 次，即可有效控制白粉病的发生危害。

预防或发病初期，可用 0.5%大黄素甲醚水剂 600～1000 倍（植物源农药）、45%硫悬浮剂 200～400 倍（矿质源农药）、2%武夷菌素水剂 800～1000 倍等（生物源农药）进行防治。

当病害发生严重时，可单独使用药液喷雾，常用有效药剂有 25%乙嘧酚（控白）悬浮剂 1000 倍液、4%四氟醚唑（朵麦可）水乳剂 1000～2000 倍、40%氟硅唑（福星）乳油 8000～10 000 倍、30%醚菌酯可湿性粉剂 2000～3000 倍、25%吡唑醚菌酯（唑菌胺酯）乳油 2000～3000 倍、12.5%腈菌唑乳油 2000～3000 倍液、25%苯醚甲环唑微乳剂 1500～2500 倍、40%双胍三辛烷基苯磺酸盐可湿性粉剂 1000～1500 倍、43%戊唑醇悬浮剂 3000～4000 倍、30%戊唑·多菌灵悬浮剂 800～1000 倍液、40%氟硅唑乳油 6000～8000 倍液、10%苯醚甲环唑（世高）水分散剂 500～800 倍液、20%三唑酮乳油 2000 倍、25%粉锈宁可湿性粉剂 2000 倍液、12.5%特普唑可湿性粉剂 3000 倍液等。此外，生物制剂大黄素甲醚、小檗碱等对葡萄白粉病也具有很好的防效。在有些耐药性较强的地区，建议不同类型药剂混合喷施，以提高药剂防治效果（王红力，2021；郭嘉，2019）。

在防治过程中，应注意以下要点：葡萄白粉病应在葡萄越冬前后防治的基础上，抓住落花后至果实膨大初期的防治，连续用药 2～3 次可控制病情，药效间隔期一般 10～15 天。若不及时防治，危害可持续到落叶。因硫制剂对白粉病有良好的效果，所以单独防治白粉病时可用硫黄胶悬剂，但要注意药害的产生（顾沛雯和辛明，2018）。

6.5.4.3　葡萄白腐病

葡萄白腐病菌（*Coniothyrium diplodiella*）可危害葡萄的穗轴、果粒、枝蔓和叶片，其中主要危害果穗。穗轴和果粒受害后，往往造成穗轴腐烂，果粒脱落，损失最为严重（图 6-6）。

图 6-6　葡萄白腐病症状（赵奎华摄，2006）

葡萄白腐病应在清除病株残体、减少侵染来源的基础上，紧抓葡萄果实膨大期至转色期的药剂防治，结合覆草和覆膜等农艺措施，减少病害发生（图 6-7）。

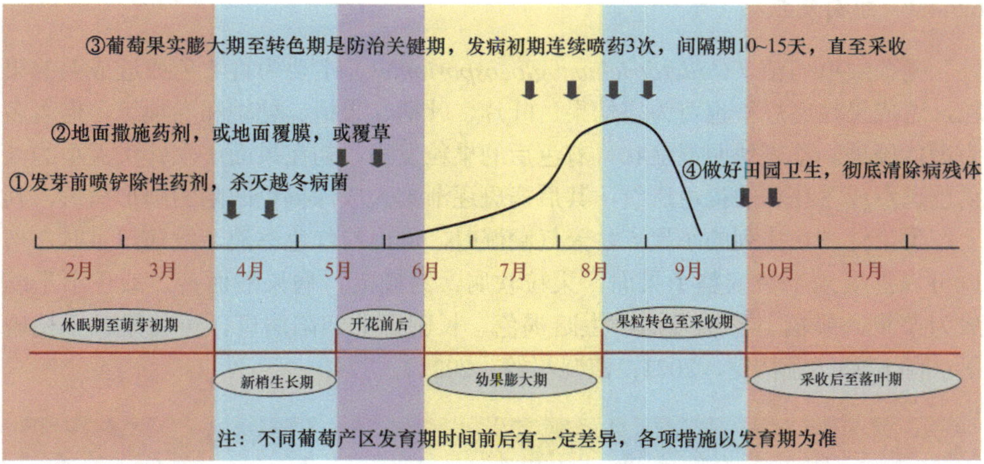

图 6-7　葡萄白腐病防治年历

在葡萄发芽前，喷施一次下列药剂：3～5°Bé 石硫合剂；50%硫悬浮剂 200～300 倍液；50%克菌丹可湿性粉剂 200～400 倍液等，对越冬菌源有较好的铲除效果。

生长季葡萄开花后，病害发生前期，或历年发病前 7 天左右开始喷药，或从果粒开始着色前 5～7 天开始喷药，可用以下药剂进行预防：65%代森锰锌可湿性粉剂 600～800 倍液；50%福美双可湿性粉剂 500～1000 倍液；78%代森锰锌·波尔多液可湿性粉剂 400～600 倍液；75%百菌清可湿性粉剂 700～800 倍液；70%甲基硫菌灵可湿性粉剂 800 倍液等。

病害发生初期，每 10～15 天喷药 1 次，直至采收前 1 周，可用下列药剂：25%戊唑醇水乳剂 2000～3000 倍液；25%嘧菌酯悬浮剂 800～1200 倍液；40%氟硅唑乳油 8000～10 000 倍液；35%丙环唑·多菌灵悬浮剂 1400～2000 倍液；30%戊唑醇·多菌灵悬浮剂 800～1200 倍液；40%克菌丹·戊唑醇悬浮剂 1000～1500 倍液；10%戊菌唑乳油 2500～5000 倍液；10%苯醚甲环唑水分散剂 2500～3000 倍液等（刘淑芳，2018；刘长远等，2007；刘春艳等，2004）。

用药时必须均匀、周到，整个果穗内外均要着药，多雨季节防治 3～4 次。为防止病菌产生抗药性，要注意药剂品种需要不断更换。采收前 1 个月内尽量不要使用代森锰锌、多菌灵、福双美、退菌特等药剂，以免污染果面或对幼果造成药害；氟硅唑对果面蜡粉有刷除作用，需要慎重选用。为控制来自土壤的病菌，重病果园在发病前应在地面撒药灭菌。从历年开始发病前 10 天左右，在地面撒施药剂，10 天左右 1 次，连施 2 次，防止病菌向上传播。可用 1 份福美双、1 份硫黄粉、2 份碳酸钙，混合均匀，撒在果园土表，撒施量为 15～30kg/hm^2（顾沛雯，2021）。

6.5.4.4 葡萄炭疽病

葡萄炭疽病菌（*Colletotrichum gloeosporioides*）主要为害着色或近成熟的果粒，造成果粒腐烂；也可为害幼果、叶片、叶柄、果柄、穗轴和卷须等，但大多为潜伏侵染，不表现明显症状。着色后的果粒发病，初在果面产生针头大小的淡褐色斑点或雪花状的褐色斑纹，其后病斑逐渐扩大成深褐色凹陷的圆形病斑，其上产生呈轮纹状排列的小黑点，天气潮湿时，溢出粉红色黏液。发病严重时，病斑可以扩展到半个或整个果面，果粒软腐，易脱落，病果酸而苦，或逐渐干缩成为浆果。果柄、穗轴发病产生暗褐色、长圆形的凹陷病斑，可使果粒干枯脱落（图 6-8）（顾沛雯，2021；洛晓平等，2021）。

图 6-8　葡萄炭疽病为害果穗症状（顾沛雯摄，2021）

葡萄炭疽病应在清除病株残体、减少侵染来源的基础上，抓紧葡萄果实膨大期至转色期的药剂防治（图 6-9）。

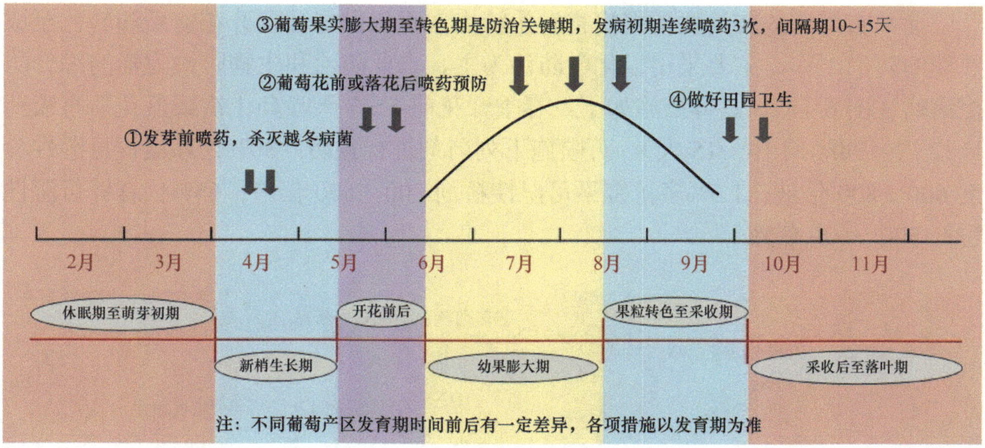

图 6-9　葡萄炭疽病防治年历

春天葡萄萌动时（展叶前），喷洒 3～5°Bé 石硫合剂、50%硫悬浮剂 200～300 倍液；50%克菌丹可湿性粉剂 200～400 倍液，铲除越冬菌源。

葡萄花前或落花后可喷 1∶0.7∶240 的波尔多液、80%代森锰锌可湿性粉剂 300～500 倍液、50%多菌灵可湿性粉剂 600～800 倍液、70%丙森锌可湿性粉剂 600～800 倍液等进行预防。

葡萄果实膨大期至转色期是防治的关键时期，可用下列药剂：2%嘧啶核苷类抗生素水剂 200 倍液、1%中生霉素水剂 250～500 倍液、25%咪鲜胺乳油 800～1500 倍液、40%腈菌唑可湿性粉剂 4000～6000 倍液、40%氟硅唑乳油 8000～10 000 倍液、35%环丙唑·多菌灵悬浮剂 1400～2000 倍液、10%苯醚甲环唑水分散剂 2000～3000 倍液、25%苯环唑乳油 2000～2500 倍液、43%戊唑醇悬浮剂 2000～2500 倍液、60%噻菌灵可湿性粉剂 1500～2000 倍液、5%己唑醇悬浮剂 800～1500 倍液等喷施，间隔 10～15 天，连喷 3 次（顾沛雯，2021；徐杰等，2020；陈聃等，2013）。

6.5.4.5　葡萄灰霉病

葡萄灰霉病菌（*Botrytis cinerea*）主要危害花序、幼果和成熟的果实，也可危害新梢、叶片、果柄等（图 6-10）。

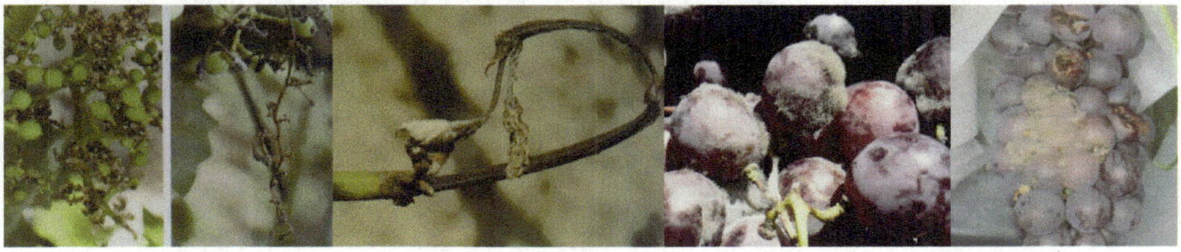

图 6-10　葡萄灰霉病症状（赵奎华摄，2006）

葡萄灰霉病的防治要依据病害发生特点，重点做好葡萄开花前后和转色至成熟期的防治工作，主要采用以化学防治为主、农业防治和生物防治为辅的综合防控策略（图 6-11）。具体措施如下：春季开花前 5～7 天喷药 1 次或落花后再喷药 1～2 次（间隔期 10～15 天）。可喷施下列药剂进行预防：80%代森锰锌可湿性粉剂 600～800 倍液；1.5%多抗霉素可湿性粉剂 200～500 倍液；65%代森锌可湿性粉剂 500～600 倍液等。

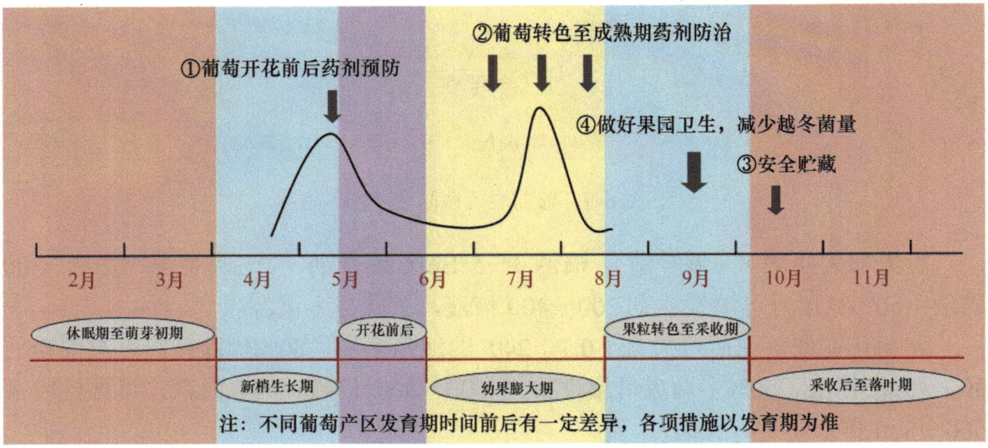

图 6-11 葡萄灰霉病防治年历

在发病初期，可用下列药剂：40%嘧霉胺可湿性粉剂 1000～1200 倍液；50%腐霉利可湿性粉剂 800～1500 倍液；50%异菌脲可湿性粉剂 1000～1500 倍液；50%嘧菌环胺水分散剂 600～1500 倍液；40%双胍辛胺可湿性粉剂 1000～2000 倍液；40%双胍三辛烷基苯磺酸盐可湿性粉剂 1000～1200 倍液；60%噻菌灵可湿性粉剂 500～600 倍液；50%苯菌灵可湿性粉剂 1000～1500 倍液等喷施，间隔期 10～15 天，连喷 2～3 次（顾沛雯，2021；郑媛萍，2018；张鹏，2011）。

化学药剂多为防治果蔬灰霉病的专杀药剂，防治效果较好，但长期单独使用某一类化学药剂易使灰葡萄孢产生抗药性，导致防治效果降低，因此，建议在葡萄生产上合理混配或间接交替使用不同化学杀菌剂对葡萄灰霉病进行防治，以达到增效和延缓灰葡萄孢抗药性的产生。此外，针对化学防治葡萄灰霉病易造成葡萄果实农药残留过高的问题，建议在葡萄果实采收前一个月内禁止喷施任何化学药剂。若恰在葡萄成熟期发生葡萄灰霉病，可采用生物防治和农业防治的方法进行防治（王忠兴，2019）。

6.5.4.6　葡萄根癌病

葡萄根癌病菌（*Agrobacterium tumefaciens*）主要危害葡萄的根颈部、嫁接口附近、上部枝蔓及主根和侧根等部位，严重时嫩蔓、叶柄也可受害。其主要症状特点是在病部产生球形或椭圆形或不规则形表面粗糙的瘤状物。发病初期病瘤稍带绿色，组织松软，肉质，切开呈嫩白色至淡绿色，有时稍带淡粉红色。随后病瘤逐渐增大，瘤的外层细胞死亡，色泽加深变褐，内部组织木质化，成为坚硬的瘤。病情不断发展，导致根系发育受阻、毛细根减少，出现树势衰弱、植株矮小、茎蔓变短、叶片黄化和提早落叶等症状，严重时可造成全株干枯死亡（图 6-12）。

图 6-12　葡萄根癌病症状（王江柱摄，2014）

葡萄根癌病的防治应以严格检疫和苗木消毒为主，以农事操作管理和药剂防治为辅（图 6-13）。

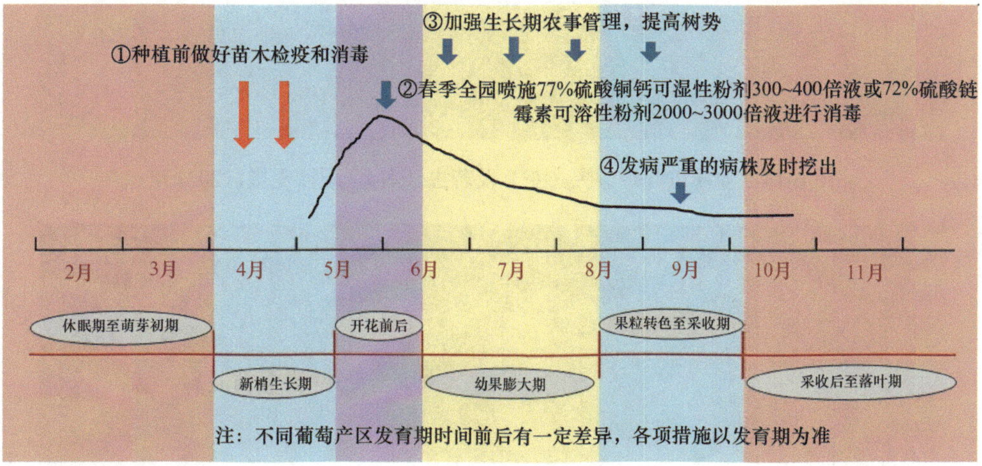

图 6-13　葡萄根癌病防治年历

在北方葡萄产区根癌病发生较重的果园或地区，春季葡萄上架后发芽前，全园喷洒 1 次消毒药剂，对防治病菌侵染、预防病害发生均具有显著作用。一般使用 77%硫酸铜钙可湿性粉剂 300～400 倍液或 72%硫酸链霉素可溶性粉剂 2000～3000 倍液进行消毒（张洁等，2013）。

果园中发现病株时，对于发病较轻的应及时彻底地将病组织刮除，并将病组织带出葡萄园深埋或集中烧毁，在刮治伤口处涂抹 2～3°Bé 石硫合剂、77%硫酸铜钙可湿性粉剂 100～200 倍液、80%波尔多液可湿性粉剂 100～200 倍液或 K84 生物制剂。对于发病较重的应及时整株挖除，并对病株根系及周围土壤进行消毒（顾沛雯，2021）。

6.5.4.7 葡萄斑叶蝉

葡萄斑叶蝉（图 6-14）在葡萄整个生长季节都有为害，主要为害已长成的叶片，随时间的增加危害逐渐加重。成虫、若虫聚集在叶背面吸食汁液，被害处形成针头大小的白色失绿斑点；严重时，白点连成片呈白斑，整个叶片失绿苍白或焦枯，受害严重的叶片上覆盖有黑褐色的排泄物，易引起早期落叶，影响葡萄枝条的生长和花芽的分化，从而影响果实着色，降低含糖量（图 6-15）。虫粪污染果实。

图 6-14 葡萄斑叶蝉成虫（左）及若虫（右）（顾沛雯摄，2021）

图 6-15 葡萄斑叶蝉为害症状（顾沛雯摄，2021）

葡萄斑叶蝉防治年历见图 6-16。

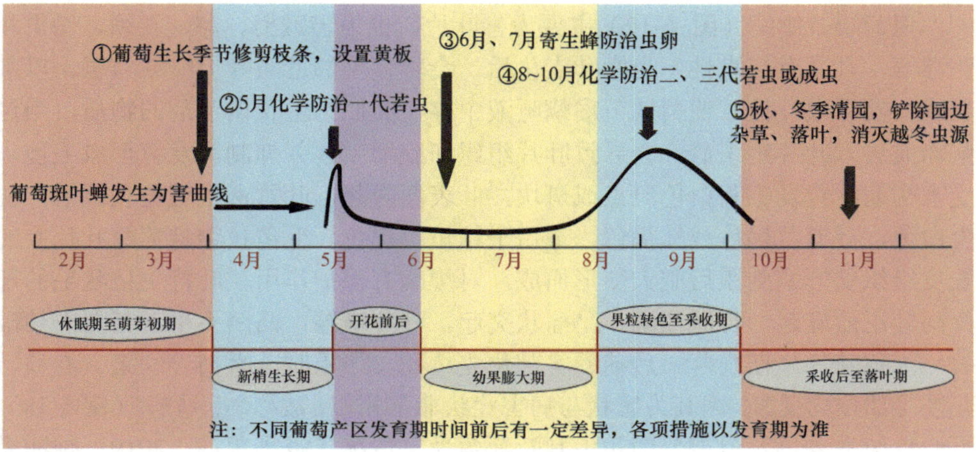

图 6-16　葡萄斑叶蝉防治年历

物理防治：生长季节，园区设置黄板，20～30 块/亩，挂在架中下部，及时更换或补胶。

生物防治：保护和利用天敌昆虫，葡萄园各季节常见天敌主要有寄生螨、蜘蛛、瓢虫、姬猎蝽和塔六点蓟马等。其中优势天敌纤赤螨幼螨主要寄生在葡萄斑叶蝉 1～2 低龄若虫；成螨则直接捕食若虫。蜘蛛的主要类群是球腹蛛科（八斑球腹蛛）、蟹蛛科、园蛛科、狼蛛科（以丁纹豹蛛为主）。也可利用天敌寄生蜂对其进行天然控制，被寄生的卵粒呈黑色，6 月以前寄生率较低，7 月以后增高，有时可达 60%。注意保护天敌，果园药剂防治应集中在前期进行，并尽量少用广谱性杀虫剂。

药剂防治：全年重点抓住 4 次防治关键时期，抓好早春越冬代防治（4 月底～5 月初）；狠抓第 1 代若虫防治（5 月下旬～6 月上旬）；注重第 2 代若虫防治（7 月中下旬）；采收后及时做好秋季防治（9 月中下旬）。以若虫第 1 代和秋季防治是关键，早春越冬代防治视虫情而定。

在叶片背面喷洒药剂。5 月中下旬是第一代若虫发生期，可选用 25%噻虫嗪水分散粒剂 7500～10 000 倍液、10%吡虫啉可湿性粉剂 1500～3000 倍液或 70%吡虫啉水分散粒剂 7500～10 000 倍液、25%吡蚜酮可湿性粉剂 3000 倍液、50%杀螟松乳油 1000 倍液、3%啶虫脒乳油 1500～2000 倍液等定向喷雾。不仅可杀灭成虫、幼虫，还有一定的杀卵作用，残效期可达 30 天以上。后期各个虫态混合发生，可用 20%康福多 8000 倍液（沙月霞等，2011；王鹏飞等，2011）。

6.5.4.8 葡萄缺节瘿螨

葡萄缺节瘿螨（图 6-17）主要为害叶片，也为害嫩梢、芽、卷须、幼果和花穗等，且具有趋嫩性，当嫩叶老化后，会转移至邻近嫩叶上继续为害。以刺吸式口器吸取汁液。葡萄缺节瘿螨唾液中存在类似于生长调节剂的物质，当这些物质进入叶片组织后，会导致叶片组织细胞增生，并抑制其发育形成毛毡。受害初期叶背发生苍白色斑点或斑块，叶表面隆起，叶背密生毛毡状绒毛，初为白色，后变黄褐色或红褐色，最后干枯呈黑褐色。毛毡状物是葡萄叶片上的表皮组织受瘿螨刺激后肥大变形而成，对瘿螨有保护作用。叶背生毡状毛的部位向叶正面隆起，背面凹陷，呈瘤状突起，叶片皱缩，凸凹不平，甚至干枯破裂，导致叶片早期脱落。后期受害部位先坏死。严重时，嫩梢、幼果、卷须、花梗等部位均受害。因其为害状与病害症状非常相似，故称“毛毡病”（图 6-18）。可通过毡毛颜色及覆盖范围初步判断葡萄受害情况（张华普等，2019；顾沛雯和辛明，2018）。

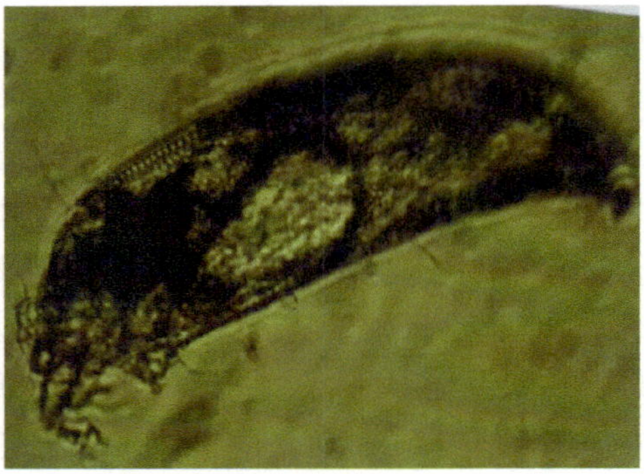

图 6-17　葡萄缺节瘿螨成螨形态（顾沛雯摄，2021）

图 6-18　葡萄缺节瘿螨为害症状（张强强摄，2020）

葡萄缺节瘿螨防治年历见图 6-19。

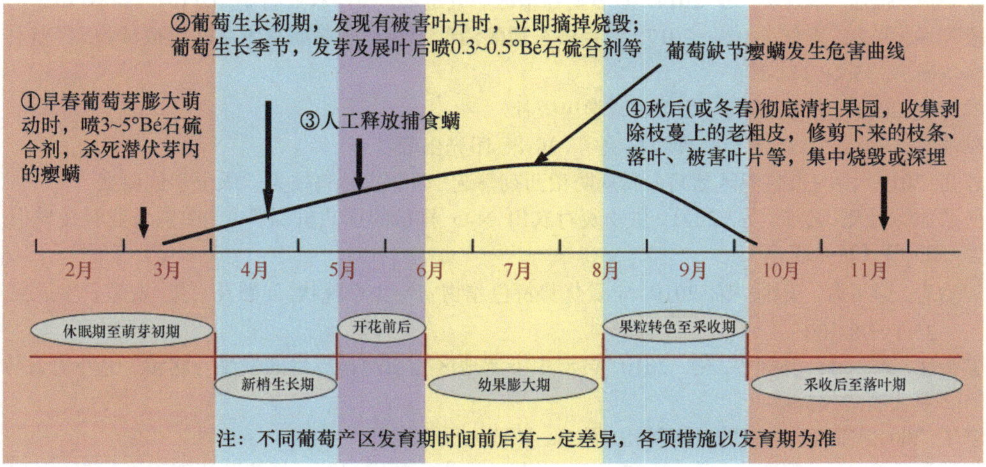

图 6-19　葡萄缺节瘿螨防治年历

生物防治：葡萄瘿螨天敌种类较多，如瘿蚊、镰螯螨、草蛉、七星瓢虫、多异瓢虫、深点食螨瓢虫、智利小植绥螨等，人工释放捕食螨，如植绥螨，可有效降低瘿螨虫口数。也可选用 40%或 50%仿生胶，或 10%浏阳霉素乳油 1000 倍液和 99%矿物油 200 倍液，田间连续喷洒 2 次。

化学防治：早春葡萄芽膨大萌动时（4 月上旬），喷 3～5°Bé 石硫合剂，以杀死潜伏芽内的瘿螨。这次喷药是防治的关键时期。如果历年发生严重，在葡萄生长季节，发芽及展叶（3～4 片叶最适合）后喷 0.3～0.5°Bé 石硫合剂加 0.3%洗衣粉的混合液，或 2.5%氯氟氰菊酯乳油 3000～4000 倍液，或 15%扫螨净乳油 3000～4000 倍液，或 20%螨克乳油 1000 倍液，或 73%克螨特乳油 2500～3000 倍液，或 5%尼索朗乳油 1500～2000 倍液，或 50%马拉硫磷乳油 1000 倍液，或 20%三氯杀螨醇 1000 倍液。葡萄埋土越冬前，结合清洁田园，均匀、细致喷施波尔多液或硫悬浮剂。药剂涂蔓包扎，发现瘿螨为害后可在主蔓分枝部位以下，涂刷 50%甲胺磷乳油原液或 2～5 倍液，宽度约 5cm，再用塑料膜包扎，30 天后拆膜。注意夏季不宜暴晒，可提早拆膜（顾沛雯，2021；王国珍等，2011；张强，2004）。

主要参考文献

陈聃, 时浩杰, 吴慧明, 等. 2013. 浙江省葡萄炭疽菌对甲基硫菌灵和戊唑醇的抗药性研究. 果树学报, 30(4): 665-668

陈卫平, 张晓煜, 崔萍, 等. 2020. 2020年春季贺兰山东麓酿酒葡萄晚霜冻调查. 宁夏农林科技, 61(5): 51-53
段晓凤, 张磊, 李红英, 等. 2014. 酿酒葡萄霜冻研究进展. 山西农业科学, 42(10): 1148-1151
段晓凤, 张磊, 李红英, 等. 2017. 贺兰山东麓酿酒葡萄新梢萌芽期室内霜冻模拟试验. 经济林研究, 35(4): 171-176
顾沛雯. 2021. 葡萄保护学. 北京: 科学出版社
顾沛雯, 辛明. 2018. 葡萄病理与昆虫学. 郑州: 阳光出版社
郭嘉. 2019. 渭南市临渭区葡萄白粉病防治药剂筛选. 西北农林科技大学硕士学位论文
何甜甜, 刘天, 云菲, 等. 2021. 生物炭对农田 N_2O 排放的影响机制研究. 中国农业科技导报, 23(5): 124-131
黄治忠, 彭玉海, 王锐, 等. 2019. 宁夏优势特色作物安全生产现状、问题及对策. 安徽农学通报, 25(1): 98-100
蒯传化, 刘三军, 孙桂香, 等. 2010. 黄河中下游地区葡萄晚霜冻害的发生与防治. 中外葡萄与葡萄酒, 7: 45-47
李华. 2004. 葡萄病虫害的合理防治. 西安: 陕西人民出版社
刘长远, 傅俊范, 赵奎华, 等. 2007. 辽宁省葡萄白腐病的田间发生规律及药剂防治. 植物保护, 4: 109-112
刘春艳, 郝永娟, 王勇, 等. 2004. 40%氟硅唑乳油防治葡萄白腐病药效评价. 植物保护, 5: 77-78
刘俊, 李敬川, 张东风, 等. 2011. 防雹网对葡萄园内温湿度的影响. 经济林研究, 29(3): 93-96
刘梅, 黄金宝, 李兴红. 2020. 多种杀菌剂对葡萄霜霉病的田间防效. 中国植保导刊, 40(10): 88-90
刘淑芳. 2018. 葡萄白腐病的发生规律及防治措施. 山西果树, 1: 52-53
洛晓平, 曹蓉, 王振西. 2021. 葡萄常见病害及防治措施. 河北果树, 3: 40-42
马红丽, 张建新. 2008. 50%氟吗啉·三乙膦铝 WP 对葡萄霜霉病的防治效果. 农药, 5: 372-374
普继雄, 马桂梅, 温吉华, 等. 2021. 5 种杀菌剂对葡萄霜霉病的田间防治效果. 中国植保导刊, 41(12): 65-67
沙月霞, 樊仲庆, 王国珍, 等. 2011. 葡萄斑叶蝉种群消长动态及防治药剂的筛选. 植物保护, 37(3): 152-156
孙冬梅, 李爱芹. 2013. 3 种药剂对葡萄霜霉病防效的比较. 中国植保导刊, 33(7): 56-57
王国珍, 姜彩鸽, 沙月霞, 等. 2011. 不同药剂防治葡萄缺节瘿螨田间药效试验. 中外葡萄与葡萄酒, 7: 49-50
王红力. 2021. 四种生物农药对葡萄白粉病的防治效果研究. 西北农林科技大学硕士学位论文
王鹏飞, 许树坡, 张志勇, 等. 2011. 啶虫脒防治葡萄斑叶蝉的残留安全性分析. 生物安全学报, 20(2): 166-170
王正平, 刘榆, 刘效义, 等. 2004. 宁夏地区葡萄晚霜冻害调查报告. 中外葡萄与葡萄酒, 6: 29-31
王忠兴. 2019. 葡萄灰霉菌产孢类群划分及其生物防治研究. 宁夏大学硕士学位论文
徐杰, 冀志蕊, 王娜, 等. 2020. 葡萄炭疽病菌对 4 种杀菌剂的敏感性分析. 果树学报, 37(6): 882-890
张华普, 张怡, 姜彩鸽, 等. 2019. 葡萄缺节瘿螨危害特点和防治措施. 中外葡萄与葡萄酒, 1: 33-37

张洁, 师校欣, 焦延静, 等. 2013. 葡萄根癌病病原菌类型鉴定及几种杀菌剂和抗菌素对其抑菌效果. 河北农业大学学报, 36(3): 77-81

张鹏. 2011. 葡萄灰霉病发生规律及防治技术研究. 中国农业科学院硕士学位论文

张强. 2014. 新疆酿酒葡萄瘿螨发生规律及综合治理研究. 西北农林科技大学硕士学位论文

张水琳. 2017. 无公害葡萄生产中的病虫害综合防治技术. 中国农业信息, 12: 65-67

郑媛萍. 2018. 我国葡萄灰霉病菌对主要杀菌剂的抗药性检测. 中国农业科学院硕士学位论文

Han X., Xue T., Liu X., *et al.* 2021. A sustainable viticulture method adapted to the cold climate zone in China. Horticulturae, 7: 150. https://doi.org/10.3390/horticulturae7060150

Xue T. T., Han X., Zhang H. J., *et al.* 2019. Effects of a biodegradable liquid film on winter chill protection of winegrape cultivars. Scientia Horticulturae, 246: 398-406

第 7 章　高岭土颗粒膜使用规范

随着人们生活水平的提高和可持续发展理念的日益深入，人们的环境保护和健康安全意识逐渐增强，高残留、高污染的化学农药正在逐渐被取代。在这种背景下，农业科学家开发了几种创新技术，其中之一就是颗粒膜技术（particle film technology，PFT）。大部分颗粒膜的主要成分是高岭土，通过在植物表面形成一层物理屏障，阻碍害虫及病原体的侵害；由于其不含化学活性成分，不产生化学毒性，既能降低病虫害发生率，又不会产生抗药性和污染环境。同时，高岭土颗粒膜（kaolin particle film，KPF）可以反射过多的光照和热量，降低叶片表面温度和蒸腾作用，减轻高温、干旱胁迫对植株造成的伤害，从而提高植株光合作用，改善果实的外观和质量，提高产量。近年来，KPF 在葡萄上应用的研究被广泛报道（Wang *et al.*，2022a，2022b）。

7.1　高岭土颗粒膜的作用方式

7.1.1　反射作用和降温

过强的光照和过高的温度可能会对植物造成伤害（Schrader *et al.*，2003），如导致气孔关闭、光合作用降低和日灼等。KPF 可以反射过多的可见光和紫外线，降低果皮和叶片表面温度、减轻高温和太阳辐射带来的伤害，从而提高植物的生产力（Glenn *et al.*，2010a）。研究证明，KPF 处理通过降低苹果表面的辐射、调节叶片温度和改善树冠内部的光分布提高植株的碳同化率。高岭土的覆盖程度越高，反射作用越强（Glenn *et al.*，2002）。此外，KPF 还可以减少红外线、紫外线和光合有效辐射的再分配，改善果实颜色（Sharma *et al.*，2015）。

7.1.2　形成屏障

植物表面残留的高岭土颗粒能够隔离害虫和病原体，起到保护植株的作用。高岭土颗粒可以干扰害虫的视觉或触觉，使害虫无法识别寄主植物，从而减少寄主上的害虫群体数量（Glenn *et al.*，2010a）；高岭土颗粒可以影响害虫的行为，如阻碍摄食和减少产卵，从而趋避害虫（Glenn，1999）；许多植物真菌和细菌的孢子萌发需要直接接触植物组织表面，并且需要水的存在，植物叶片表面的高岭土颗粒可以阻止病原体和水与植物的直接接触，因此，KPF 也可用于减少许多植物真菌和细菌病害（Walters，2006）。此外，研究表明 KPF 可以将露水或霜与植物表面分开，防止水在植物表面结冰，起到防止植物冻害的效果（Fuller *et al.*，2003）。

7.2　高岭土颗粒膜在葡萄上的应用

7.2.1　高温胁迫

温度是限制植物生产力的一个重要因素。高温会对葡萄植株的一些生理过程造成不可逆的伤害，影响葡萄的产量、质量和植株寿命。使用 KPF 可以降低葡萄树冠、叶片及浆果表面温度，减轻过高的温度给葡萄植株带来的不利影响。这种缓解作用在高温高辐射条件下效果更加明显（Shellie and Glenn，2008）。在缺水和标准灌溉的葡萄园中，使用 KPF 均可降低葡萄浆果表面温度（Shellie and King，2013b）。研究表明，KPF 可以抑制 *HSP70*（热休克蛋白）基因，并促进 *WRKY18*（胁迫耐受性基因）的表达，在高温下保护葡萄植株（Bernardo *et al.*，2021）。由此可见，KPF 可以降低浆果和叶片表面温度，并降低过度暴晒造成的葡萄浆果损伤，在葡萄生产中可作为高温胁迫的控制措施。但 KPF 的降温作用也受到环境条件的影响。在极度干旱条件下，KPF 对葡萄浆果表面温度的降低作用并不明显（Lobos *et al.*，2015），且 KPF 可能会降低植株的蒸腾作用。当其降温效果不能抵消蒸腾降低导致的升温时，叶片表面温度升高（Brillante *et al.*，2016）。

7.2.2　叶片气体交换

理想的 KPF 在使用时应做到不阻塞气孔，不影响叶片气体交换。受植株温度和水分条件的影响，KPF 对植株叶片气孔导度的影响结果并不一致。通常情况下，KPF 能够提高高温和干旱条件下植株的气孔导度和二氧化碳同化率（Dinis *et al.*，2018；Brillante *et al.*，2016；Glenn *et al.*，2001）。研究人员在不同水分条件下，就 KPF 对葡萄叶片气孔导度的影响进行了研究。结果发现，在充分灌溉条件下，KPF 处理降低了叶片气孔导度，在严重的水分胁迫条件下，KPF 对气孔导度的影响不明显，而在中等程度的水分胁迫条件下，KPF 处理推迟了一天中气孔导度开始降低的时间。这说明与是否使用 KPF 相比，植株水分状况对气孔开张程度的影响更大（Shellie and Glenn，2008）。

7.2.3 水分利用效率

水是重要的不可再生资源之一，特别是在干旱地区，葡萄栽培用水量极高（Flexas *et al.*，2010），因此提高葡萄植株水分利用效率（water use efficiency，WUE）对于节约水资源、降低栽培成本至关重要。WUE 与植株蒸腾作用密切相关。在栽培过程中使用抗蒸腾剂能够提高植株的 WUE，但多数抗蒸腾剂的使用受到成本和使用效果等因素的制约，难以真正投入使用（Evans and Sadler，2008）。KPF 作为一种新型且廉价的抗蒸腾剂，可通过反射太阳辐射和紫外线降低叶片及浆果表面温度，达到降低植物蒸腾作用、提高 WUE 的目的（Boari *et al.*，2015）。研究表明，使用 KPF 可提高葡萄植株叶片水势（Dinis *et al.*，2018；Shellie and Glenn，2008）和 WUE（Brillante *et al.*，2016）。

7.2.4 光合作用

KPF 的反射特性可通过减少植物冠层的热聚集和紫外线辐射影响光合作用，提高碳同化量（Glenn，1999）。研究表明，KPF 处理可缓解高温和干旱条件下植物的光抑制，提高光系统Ⅱ（PSⅡ）光化学效率，保护 PSⅡ结构和功能，提高葡萄植株的净 CO_2 同化率（Dinis *et al.*，2016b，2018）。因此，KPF 处理也提高了葡萄叶片初级代谢组中的大多数代谢产物的含量和叶片蔗糖磷酸合酶（SPS）活性（Conde *et al.*，2018），但与此同时，KPF 处理对叶片淀粉含量无显著影响，并提高了总淀粉分解力及编码磷酸丙糖转运体基因（*TPT*）和蔗糖转运蛋白基因（*VvSUC12* 和 *VvSUC27*）的转录，导致更多的磷酸丙糖被转运至细胞质中用于合成蔗糖，说明 KPF 处理使叶片更加倾向于积累蔗糖，而不是淀粉。这可能是由于蔗糖是转位糖，可通过转运移动到其他碳汇器官，而不是保留于某一器官中（Lalonde *et al.*，1999）。细胞中糖的含量可能参与调控糖转运蛋白基因的表达（Lecourieux *et al.*，2014），因此也作为一种调节机制刺激蔗糖的合成与转运。即蔗糖的转移导致其合成器官蔗糖含量下降，从而上调蔗糖合成与转运相关基因表达并提高酶活性（Rossitza *et al.*，2003；Barker *et al.*，2000），最终表现为叶片及浆果中蔗糖含量的显著提高。

光合色素含量决定了光系统吸收光的能力。研究表明，KPF 处理可以提高葡萄叶片中光合色素的含量，降低叶绿素 a 与叶绿素 b 的比值，提高叶绿素与类胡萝卜素的比值（Dinis *et al.*，2016a；Shellie and King，2013a），起到保护叶绿素、优化叶黄素循环的作用（Bernardo *et al.*，2022a），从而提高葡萄植株对高温胁迫的耐受能力。

一些研究表明，喷施高岭土植株的单个叶片光合作用降低，而整个冠层光合作用不受影响，甚至增加（Glenn *et al.*，2003），这可能与冠层内部光分布的改善有关。此外，尽管 KPF 处理降低了单叶光合器官的光合有效辐射，但这种辐射能够在内部树冠重新分配，增强内部树冠光合作用（Rosati *et al.*，2007）。

7.2.5　果实产量及品质

KPF 也会影响葡萄果实产量及采后质量。研究表明，KPF 处理使‘美乐’葡萄鲜重增加 7%，并提高了产量（Shellie and Glenn，2008）。进一步研究发现，葡萄鲜重增加受植株水分状况的影响（Shellie，2015）。尽管 KPF 处理同样提高了白色酿酒葡萄品种‘长相思’浆果的鲜重，但减少了浆果数量（Brillante *et al.*，2016；Shellie，2015；Shellie and Glenn，2008），因此 KPF 处理并不会影响采收时的葡萄产量（Ferrari *et al.*，2017）。KPF 处理影响葡萄浆果可滴定酸和可溶性固形物含量（Dinis *et al.*，2020；Shellie and Glenn，2008），但不会影响苹果酸、酒石酸等有机酸的含量（Bernardo *et al.*，2022a，2022b）。

KPF 处理能够促进葡萄浆果次级代谢产物的积累。KPF 处理分别提高了水分亏缺条件下酿酒葡萄‘美乐’、‘马尔贝克’和‘赤霞珠’中花色苷的含量和花色苷与可溶性固形物的比例（Shellie，2015；Shellie and King，2013b；Song *et al.*，2012）。果实中酚类物质含量对其抗氧化能力有很大影响。KPF 处理使葡萄浆果中总酚、类黄酮、花色苷和维生素 C 含量分别提高 40%、24%、32%和 12%，从而显著增强 ABTS、DPPH 和羟自由基清除能力，降低浆果中活性氧（reactive oxygen species，ROS）水平（Dinis *et al.*，2016a）。进一步研究发现，KPF 处理可提高葡萄叶片和浆果中抗坏血酸-谷胱甘肽循环中关键酶的活性，降低氧化损伤，同时降低 DNA 甲基化程度（Bernardo *et al.*，2017）。为了进一步评估喷施 KPF 对葡萄浆果酚类化合物合成的影响，对酚类物质合成途径进行分子和生化分析，结果表明，KPF 处理使浆果中槲皮素、芦丁、儿茶素/表儿茶素、原花色素 B2 和芍药素 3-半乳糖苷含量显著升高，调控浆果酚类物质合成的几个关键基因（*VvPAL1*，*VvC4H1*，*VvSTSs*，*VvCHS1*，*VvFLS1*，*VvDFR* 和 *VvUFGT*）的表达量和关键酶（PAL，FLS，UFGT）的活性也显著提高（Conde *et al.*，2016），证明 KPF 处理可以在基因转录水平上调控葡萄浆果酚类物质合成。

红葡萄果皮中的花色苷是构成红葡萄酒颜色的基础。浆果表皮花色苷的积累受到光照和温度的影响。温度超过 35℃会导致花色苷降解，并抑制花色苷的合成（Spayd *et al.*，2002）。花色苷单体的结构影响其稳定性，一般情况下，甲基化程度越高的花色苷单体越不易受高温影响而降解（Mori and Hashizume，2007）。浆果转色后的 2 周，是花色苷对高温最敏感的时期（Yamane *et al.*，2006）。同时，过低的光照也会限制花色苷的积累（Bergqvist *et al.*，2001），这表明 KPF 处理对浆果中花色苷的提高可能是由于冠层和浆果表面温度的降低，且通过高岭土传输到浆果的光照足够合成花色苷。KPF 处理导致的植株光合碳同化的提高也是影响浆果花色苷积累的一个重要原因，即糖的积累对其他代谢途径的补充作用（Silvia *et al.*，2006）。果皮中糖含量与酚类物质的含量之间有很好的相关性，尤其是蔗糖可以诱导花色苷的合成（Zheng *et al.*，2009）。一些研究证明，外源蔗糖、葡萄糖和果糖处理可以使浆果中花色苷更早开始积累，并提高花色苷的浓度（Olivares *et al.*，2017；Dai *et al.*，2014）。

7.2.6 病虫害控制

利用矿物粒子作为驱虫剂是植物栽培管理中常见的措施，使用各种矿物制剂防治虫害的历史悠久。同样地，KPF 也能够通过伪装寄主、阻碍产卵和阻碍摄食等方式，有效防治各种害虫（Sharma *et al.*，2015）。KPF 处理可以通过阻碍小叶蝉摄食，有效降低葡萄园小叶蝉若虫种群数量，并且不影响其天敌卵寄生蜂的活动（Tacoli *et al.*，2018）。KPF 还可以降低葡萄卷叶蛾产卵和卵的孵化，提高其幼虫的死亡率（Pease *et al.*，2016）。与此类似，KPF 处理通过抑制葡萄园中蝉的产卵减少被感染的枝条数量，提高葡萄产量（Valizadeh *et al.*，2013）。KPF 的使用也显著降低了葡萄根瘤蚜的危害（Sleezer *et al.*，2011）。此外，KPF 处理也导致玻璃翅叶蝉（GWSS）的死亡率提高，从而降低 GWSS 传播的葡萄皮尔斯病的发病率（Tubajika *et al.*，2007）。

7.3 高岭土颗粒膜产品

7.3.1 产品定义

高岭土颗粒膜是一种惰性矿物粒子组成的可湿性粉剂，主要成分为高岭土，可喷施于作物表面，形成保护膜，起到保护植物的作用（图 7-1）。其配方中不含化学成分，是一种对环境和人类友好的新材料。目前的研究表明，向作物表面施用 KPF 可以减轻作物病害，提高作物光合作用，并提高果实初级代谢和次级代谢产物含量，从而提高作物产量和品质（Wang *et al.*，2022a，2022b；Wang *et al.*，2020）。作为一种高价值、多功能的材料，KPF 具有极其广泛的应用前景。因此，我们研发了一种 KPF 产品，并研究了其使用效果。

图 7-1　高岭土颗粒膜覆盖效果

7.3.2　高岭土颗粒膜产品特性

7.3.2.1　理想颗粒膜的特征

为了保证颗粒膜的作用效果，如降温、反射紫外线、形成屏障等，理想颗粒膜应具备以下特征：惰性矿物粒子；颗粒直径＜2μm；具有在植物上黏展和形成均匀膜的能力；可形成多孔膜，且不堵塞气孔，不影响叶片的气体交换；应能传输光合成有效辐射（PAR），但不包括紫外（UV）和红外（IR）辐射；应有能力改变昆虫或病原体对被处理对象的行为；很容易从被收获的产品中去除。

7.3.2.2　产品特性

高岭土颗粒膜为白色粉剂，细度为 6250 目，湿润时间小于 46s，悬浮率高于 86.01%，能够在葡萄叶片和浆果表面良好附着。

7.3.2.3　产品组成和外观

本产品由符合标准的煅烧高岭土与适宜的助剂加工制成，为均匀的疏松粉末，不应有团块，如图 7-2 所示。

图 7-2　高岭土颗粒膜粉末

7.3.2.4 产品标准

高岭土颗粒膜粉剂应符合表 7-1 要求。

表 7-1 高岭土颗粒膜粉剂控制项目指标

项目	指标
煅烧高岭土质量分数（%）	≥90
水分（%）	≤3.0
悬浮率（%）	≥80
pH 范围	6.0～11.0
湿润时间（s）	≤120
细度（μm）	≤2

7.4 使用方法

使用浓度：不低于 6%（m/V）。

使用剂量：约 950L/hm^2 或 500mL/株。

配制方式：按照浓度将高岭土颗粒膜粉剂和水混匀呈白色悬浊液。

喷洒方式：使用肩负式喷雾器或果园风送式喷雾机进行喷洒。

助剂使用：当年初次喷洒时需添加非离子表面活性剂，随后的使用中不再需要。

使用要求：喷在植物表面的高岭土颗粒膜要达到“欲滴不滴”的状态，对于所需覆盖的表面要保证均匀，叶片正反面和整个果实均需要完全覆盖。长出新组织后或雨后，应再次喷施以保证覆盖效果。

喷施时间：若要达到缓解病虫害的目的，需要在病虫害发生前进行喷施，通常为每年的 4～5 月开始施用，并持续至秋季。若需要达到节约灌溉水的目的，通常在干旱发生前进行喷施。一般春季较为干旱的地区需要在长出叶片后立即进行喷施以起到保水的作用。

喷施频率：喷施频率视情况而定，通常情况下，需要保持树冠或果实表面始终有高岭土覆盖，直至达到所需目的或果实成熟或落叶。雨后需喷施高岭土颗粒膜。无雨时段通常隔 2 周喷施一次，以覆盖新长出的植物组织。

7.5 高岭土颗粒膜使用效果研究

7.5.1 节约灌溉水

我们于 2021 年以宁夏银川中粮天赋酒庄的欧亚种酿酒葡萄‘赤霞珠’为试材，

采用喷施 KPF 与缺水灌溉相结合的方式，研究 KPF 处理对酿酒葡萄节水效率的影响。在转色期前对田间的葡萄植株进行处理，直至葡萄完全成熟。测定植株的光合参数、光合水分利用效率（pWUE）和内在水分利用效率（WUEg），并计算节水效率（%）。

如表 7-2 所示，与对照（充分灌溉，C）相比，KPF 处理提高了叶片的相对湿度和水汽压饱和亏缺，缺水灌溉（DI）和缺水灌溉+KPF（DI+KPF）处理降低了叶片的相对湿度，但提高了水汽压饱和亏缺。除 KPF 处理的光合速率高于对照外，其他处理的蒸腾速率、气孔导度和光合速率均显著低于对照。在缺水灌溉条件下，KPF 处理显著提高葡萄植株的瞬时水分利用效率和内在水分利用效率。总体上，KPF 处理降低了植株的蒸腾速率和气孔导度，提高了植株的瞬时水分利用效率和内在水分利用效率。

表 7-2　高岭土颗粒膜对赤霞珠葡萄植株光合指标的影响

处理	相对湿度（%）	蒸腾速率［mmol/(m²·s)］	水汽压饱和亏缺（Pa/kPa）	气孔导度［mmol/(m²·s)］	光合速率［μmol/(m²·s)］	瞬时水分利用效率（%）	内在水分利用效率（%）
对照（C）	27.55	2.63	34.52	76.34	8.27	3.15	10.90%
缺水灌溉(DI)	25.54	2.23	35.87	62.34	4.99	2.19	8.07%
DI+KPF	25.30	1.54	37.86	41.00	3.62	2.24	8.22%
C+KPF	27.66	2.51	35.06	72.12	9.99	3.94	13.82%
灌溉	**	**	**	**	**	**	**
高岭土	Ns	**	**	**	Ns	**	**
交互	Ns	**	**	**	**	**	**

注：结果表示为 3 个生物学重复的均值。根据 Tukey 检验，**表示方差分析统计差异显著水平达到 0.01；Ns 表示差异不显著

表 7-3 表示 KPF 处理的节水效率。充分灌溉和缺水灌溉条件下，KPF 处理均表现出一定程度的节水效果。在缺水条件下，KPF 处理的节水效果更好。此外，KPF 成分简单，使用成本低，利用 KPF 提高葡萄植株水分利用效率、节约灌溉水，对于干旱、半干旱地区酿酒葡萄产业可持续发展具有重要意义。

表 7-3　高岭土颗粒膜的节水效率

	pWUE 节水效率（%）	WUEg 节水效率（%）
C+KPF	2.28	1.86
DI+KPF	25.08	26.79

注：pWUE 为光合水分利用效率，WUEg 为内在水分利用效率

7.5.2 防控霜霉病

我们于 2020 年和 2021 年以陕西杨凌盛唐酒庄的欧亚种酿酒葡萄‘赤霞珠’为试材，根据历年霜霉病发病规律和防治经验，于发病前对葡萄冠层分别喷施 3% KPF 和 6% KPF 悬浮液，研究 KPF 处理对酿酒葡萄霜霉病的防控作用。喷施 KPF 时保证叶片正反面均有高岭土覆盖，当雨后或植株新长出部分超过 10%时，应立即进行补喷。从喷施 KPF 悬浮液算起，每隔 10 天对田间发病情况进行调查，直至病情稳定。通过病斑面积占叶片面积的百分比计算不同处理的霜霉病病情指数和不同 KPF 处理的防治效果（%），并通过扫描电子显微镜和植物生理学手段分别对叶片气孔结构和生理防卫能力进行测定。

如图 7-3 所示，KPF 处理可有效降低田间叶片的病情指数，降低霜霉病的发生和循环。在 2020 年，对照组于 6 月 7 日开始发病，3% KPF 和 6% KPF 处理分别于 6 月 12 日和 6 月 20 日开始发病，相比于对照组分别推迟发病时间 5 天和 13 天［图 7-3（a)］。对照组、3% KPF 和 6% KPF 处理组在 2020 年的最大病情指数分别为 72.53%、72.41%和 50.76%。与对照组相比，3% KPF 处理对最大病情指数无显著影响，而 6% KPF 处理显著降低最大病情指数，降幅为 42.89%。在 2021 年，对照组于 5 月 21 日开始发病，3% KPF 和 6% KPF 处理分别于 5 月 24 日和 6 月 4 日开始发病，相比于对照组分别推迟 3 天和 14 天［图 7-3（b)］。与对照组相比，3% KPF 和 6% KPF 处理均显著降低最大病情指数，降幅分别为 4.75%

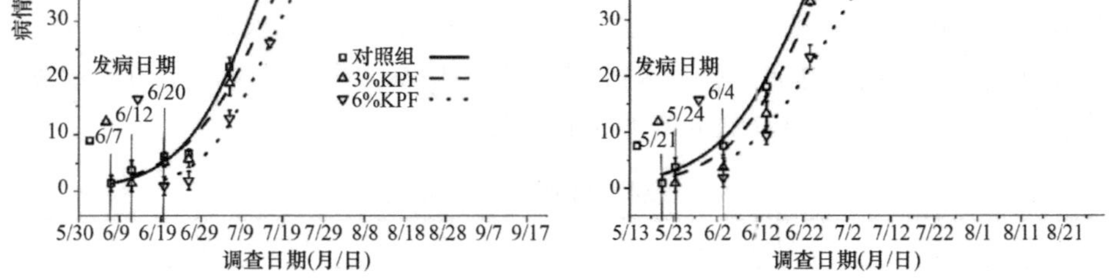

图 7-3 高岭土颗粒膜对田间霜霉病发展的影响

（a）2020 年田间病情发展曲线；（b）2021 年田间病情发展曲线

2020 年和 2021 年，于田间植株上分别喷施 3% KPF 和 6% KPF，从发病开始每隔 10 天对田间病情指数进行调查，绘制病情发展曲线。KPF 推迟了田间发病日期，并降低了病情指数。根据 Tukey 检验，不同字母表示方差分析统计差异显著（$P \leqslant 0.05$）

和 38.62%。这些结果说明，发病前 6% KPF 处理能够推迟田间发病时间，并显著降低田间病情发展。

两年间，3% KPF 和 6% KPF 处理均提供了一定程度的防治效果，各组之间均有显著差异（表 7-4）。其中，6% KPF 处理对田间自然感染条件下霜霉病的控制效果最好，在 2020 年和 2021 年的防治效果分别为 32.02%和 33.21%，3% KPF 处理为葡萄植株提供的保护作用有限，仅为 5.96%（2020 年）和 9.42%（2021 年）。

表 7-4　2020 年、2021 年 KPF 处理对田间‘赤霞珠’霜霉病的防治效果

处理	防治效果（%）	
	2020 年	2021 年
对照	0c	0c
3%KPF	5.96b	9.42b
6%KPF	32.02a	33.21a

注：结果表示为 3 个独立生物学重复的均值。根据 Tukey 检验，每一列不同字母表示方差分析统计差异显著（$P \leq 0.05$）

喷施 KPF 溶液后，白色高岭土颗粒沉积在叶片表面，影响叶片表面的结构，也可以起到屏障的作用。为了探究 KPF 残留对叶片表面结构及霜霉菌侵染的影响，通过电子显微镜观察 KPF 处理后叶片的表面结构。结果如图 7-4 所示，对照组叶

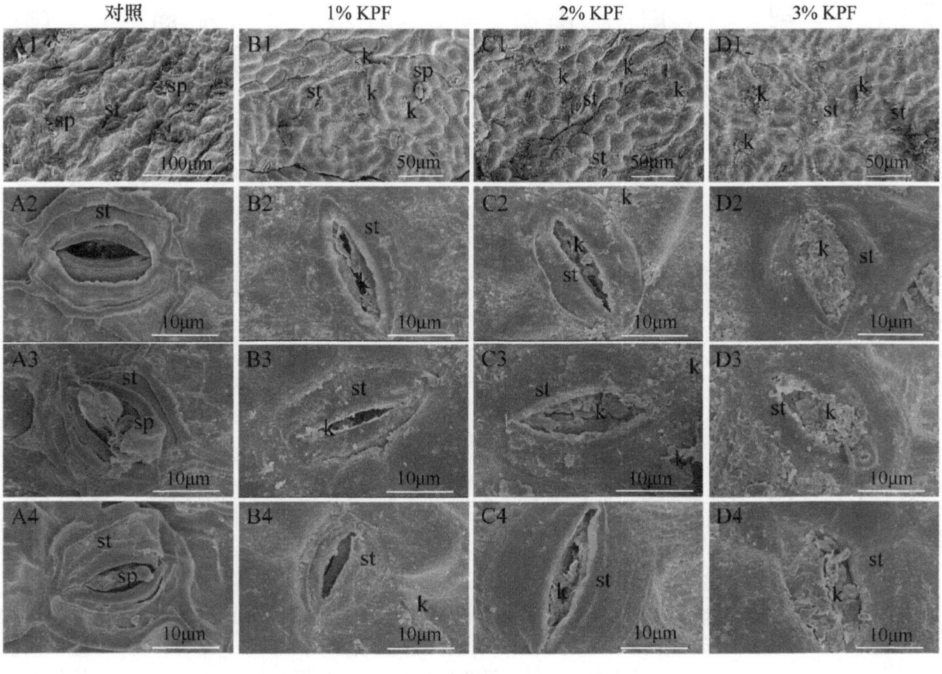

图 7-4　KPF 处理下的气孔结构

st. 气孔；k. 高岭土；sp. 孢子囊

片表面结构完整、清晰，气孔开张度良好，且部分气孔中可观察到霜霉菌菌丝的发育，随着 KPF 处理浓度增加，高岭土颗粒在叶片表面的沉积加重，阻碍霜霉菌与叶片表面的直接接触。此外，在 KPF 处理中，叶片气孔被高岭土颗粒阻塞，且 KPF 浓度越高阻塞越严重。霜霉菌游动孢子通过气孔侵入寄主，叶片气孔的开张程度对霜霉菌的侵染至关重要。气孔的阻塞会直接影响游动孢子的入侵。因此，残留于叶片表面的高岭土颗粒可通过在叶片表面形成一层屏障或阻塞气孔降低霜霉菌对叶片的侵染。

分别于 2020 年和 2021 年田间霜霉病发展的初期、中期和末期阶段采集葡萄叶片，测定几丁质酶和 β-1,3-葡聚糖苷酶活性。如图 7-5 所示，在田间自然侵染条件下，KPF 处理可显著提高叶片中 β-1,3-葡聚糖苷酶活性。2020 年，在田间霜霉病发展的初期阶段，与对照组相比，6% KPF 处理显著提高叶片中 β-1,3-葡聚糖苷酶活性，是对照组的 1.82 倍［图 7-5（a）］。中期阶段与初期阶段相似，6% KPF 处理组 β-1,3-葡聚糖苷酶活性是对照组的 2.30 倍。在末期阶段，3% KPF 和 6% KPF 处理组 β-1,3-葡聚糖苷酶活性均显著高于对照组，但两个 KPF 处理之间无显著差异。2021 年，在田间霜霉病发展的初期阶段，各处理组之间 β-1,3-葡聚糖苷酶活

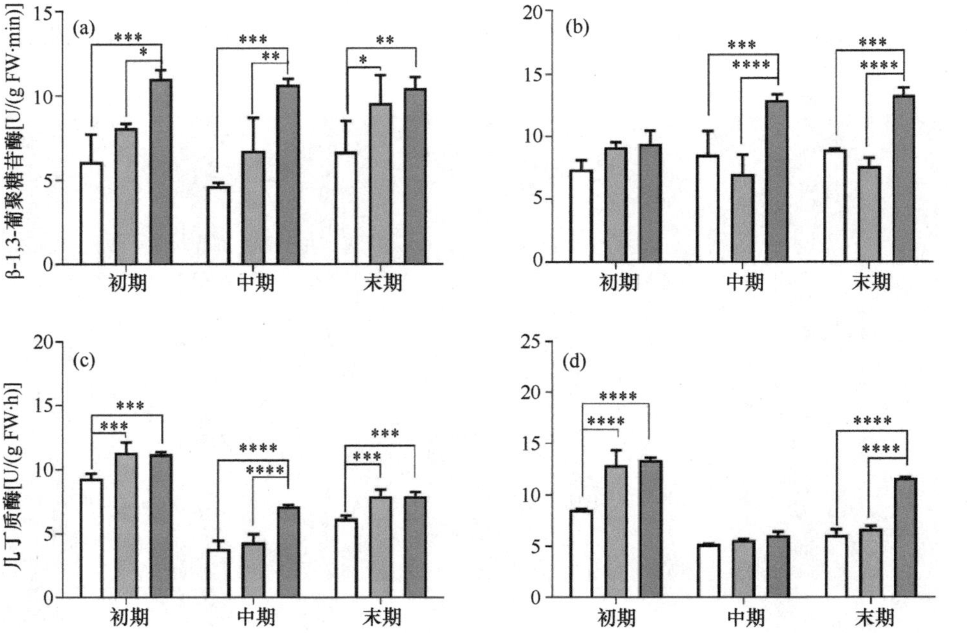

图 7-5　KPF 处理对叶片抗病相关酶活性的影响

（a）2020 年 β-1,3-葡聚糖苷酶活性；（b）2021 年 β-1,3-葡聚糖苷酶活性；（c）2020 年几丁质酶活性；（d）2021 年几丁质酶活性。图例自左至右依次为对照、3% KPF 和 6% KPF 酶活性。根据 Tukey 检验，*表示方差分析统计差异显著水平达到 0.1；**表示方差分析统计差异显著水平达到 0.01；***表示方差分析统计差异显著水平达到 0.001；****表示方差分析统计差异显著水平达到 0.0001

性均无显著差异［图 7-5（b）］。中期阶段，6% KPF 处理显著提高 β-1,3-葡聚糖苷酶活性。末期阶段与中期阶段相似，6% KPF 处理显著提高叶片中 β-1,3-葡聚糖苷酶活性，是对照组的 1.48 倍。

田间自然感染条件下，KPF 处理在一定程度上提高叶片几丁质酶活性。两年间，叶片几丁质酶活性均在侵染初期阶段较高。2020 年，田间霜霉病发展的初期阶段，3% KPF 和 6% KPF 处理组几丁质酶活性均显著高于对照组，约为对照组的 1.20 倍［图 7-5（c）］。中期阶段，与对照相比，3% KPF 处理对几丁质酶活性无显著影响，而 6% KPF 处理显著提高叶片几丁质酶活性。末期阶段，3% KPF 和 6% KPF 处理均显著提高叶片几丁质酶活性。2021 年初期阶段，3% KPF 和 6% KPF 处理组几丁质酶活性均显著高于对照组，约为对照组的 1.60 倍［图 7-5（d）］。至中期阶段，不同浓度 KPF 处理对叶片几丁质酶活性均无显著影响。末期阶段，与对照相比，6% KPF 处理显著提高叶片几丁质酶活性。

综上所述，在田间条件下，于霜霉菌侵染前喷施 KPF 能够有效防控霜霉病的发生和发展。但 KPF 的使用效果受环境因素影响较大，风、雨和植物新组织的长出等因素均会影响 KPF 的应用效果。在本研究中，3% KPF 能达到的田间防控效果有限，而 6% KPF 处理能够有效地控制霜霉病，这可能与 6% KPF 处理更耐风雨有关。因此，在田间条件下，要以多次喷施、保证覆盖为主，且田间使用剂量不能低于 6%。

除此之外，我们还对 KPF 处理防控霜霉病的机制进行了探讨。结果发现，KPF 处理通过在植物表面形成一层粉状的颗粒膜，阻碍病原体与叶片的直接接触，并且在一定程度上阻塞植物气孔，使病原体无法通过气孔侵入叶片；另外，KPF 处理能够提高叶片对霜霉病的防卫能力，从而达到防控霜霉病的效果。

KPF 作为一种多功能的新材料，在应用过程中已经展现出诸多优势。KPF 可降低叶片温度和蒸腾作用，增加叶片水势，从而提高气孔导度和净光合作用。此外，KPF 对葡萄病虫害也有一定程度的防治作用。其成分简单，生产成本低廉，使用操作简便，并且不含化学活性物质，对环境和人类友好，符合可持续发展的目标，具有极其广泛的应用前景。

主要参考文献

Barker L., Kühn C., Weise A., *et al.* 2000. SUT2, a putative sucrose sensor in sieve elements. Plant Cell, 12(7): 1153-1164

Bergqvist J., Dokoozlian N. K., Ebisuda N. 2001. Sunlight exposure and temperature effects on berry growth and composition of Cabernet Sauvignon and Grenache in the Central San Joaquin Valley of California. American Journal of Enology and Viticulture, 52(1): 1-7

Bernardo S., Dinis L. T., Luzio A., *et al.* 2017. Kaolin particle film application lowers oxidative damage and DNA methylation on grapevine (*Vitis vinifera* L.). Environmental & Experimental

Botany, 139: 39-47

Bernardo S., Dinis L. T., Machado N., *et al.* 2022a. Uncovering the effects of kaolin on balancing berry phytohormones and quality attributes of *Vitis vinifera* grown in warm-temperate climate regions. Journal of the Science of Food and Agriculture, 102(2): 782-793

Bernardo S., Luzio A., Machado N., *et al.* 2021. Kaolin application modulates grapevine photochemistry and defence responses in distinct mediterranean-type climate vineyards. Agronomy-Basel, 11(3): 477

Bernardo S., Rodrigo M. J., Vives-Peris V., *et al.* 2022b. Fine-tuning of grapevine xanthophyll-cycle and energy dissipation under Mediterranean conditions by kaolin particle-film. Scientia Horticulturae, 291: 110584

Boari F., Donadio A., Schiattone M. I., *et al.* 2015. Particle film technology: a supplemental tool to save water. Agricultural Water Management, 147: 154-162

Brillante L., Belfiore N., Gaiotti F., *et al.* 2016. Comparing kaolin and pinolene to improve sustainable grapevine production during drought. PLoS One, 11(6): e0156631

Conde A., Neves A., Breia R., *et al.* 2018. Kaolin particle film application stimulates photoassimilate synthesis and modifies the primary metabolome of grape leaves. Journal of Plant Physiology, 223: 47-56

Conde A., Pimentel D., Neves A., *et al.* 2016. Kaolin foliar application has a stimulatory effect on phenylpropanoid and flavonoid pathways in grape berries. Frontiers in Plant Science, 7: 1150

Dai Z. W., Meddar M., Renaud C., *et al.* 2014. Long-term in vitro culture of grape berries and its application to assess the effects of sugar supply on anthocyanin accumulation. Journal of Experimental Botany, 65(16): 4665-4677

Dinis L., Ferreira H., Pinto, G., *et al.* 2016a. Kaolin-based, foliar reflective film protects photosystem II structure and function in grapevine leaves exposed to heat and high solar radiation. Photosynthetica, 54(1): 47-55

Dinis L. T., Bernardo S., Conde A., *et al.* 2016b. Kaolin exogenous application boosts antioxidant capacity and phenolic content in berries and leaves of grapevine under summer stress. Journal of Plant Physiology, 191: 45-53

Dinis L. T., Bernardo S., Luzio A., *et al.* 2018. Kaolin modulates ABA and IAA dynamics and physiology of grapevine under Mediterranean summer stress. Journal of Plant Physiology, 220: 181-192

Dinis L. T., Bernardo S., Matos C., *et al.* 2020. Overview of kaolin outcomes from vine to wine: cerceal white variety case study. Agronomy-Basel, 10(9): 1422

Evans R. G., Sadler E. J. 2008. Methods and technologies to improve efficiency of water use. Water Resources Research, 44(7): 767-768

Ferrari V., Disegna E., Dellacassa E., *et al.* 2017. Influence of timing and intensity of fruit zone leaf removal and kaolin applications on bunch rot control and quality improvement of Sauvignon blanc grapes, and wines, in a temperate humid climate. Scientia Horticulturae, 223: 62-71

Flexas J., Galmes J., Galle A., *et al.* 2010. Improving water use efficiency in grapevines: potential physiological targets for biotechnological improvement. Australian Journal of Grape and Wine Research, 16(1): 106-121

Fuller M. P., Hamed F., Wisniewski M., *et al.* 2003. Protection of plants from frost using hydrophobic particle film and acrylic polymer. Annals of Applied Biology, 143(1): 93-98

Glenn D. M. 1999. Analysis of trickle and pulse microsprinkler irrigation of processing apples. Journal of Tree Fruit Production, 2(2): 11-17

Glenn D. M., Cooley N., Walker R., *et al.* 2010a. Impact of Kaolin particle film and water deficit on

wine grape water use efficiency and plant water relations. Hortscience, 45(8): 1178-1187
Glenn D. M., Erez A., Puterka G. J., *et al.* 2003. Particle films affect carbon assimilation and yield in 'Empire' apple. Journal of The American Society for Horticultural Science, 128(3): 356-362
Glenn D. M., Prado E., Erez A., *et al.* 2002. A reflective, processed-kaolin particle film affects fruit temperature, radiation reflection, and solar injury in apple. Journal of The American Society for Horticultural Science, 127(2): 188-193
Glenn D. M., Puterka G. J., Drake S. R., *et al.* 2001. Particle film application influences apple leaf physiology, fruit yield, and fruit quality. Journal of The American Society for Horticultural Science, 126(2): 175-181
Lalonde S., Hellmann H., Barker L., *et al.* 1999. The dual function of sugar carriers: Transport and sugar sensing. Plant Cell, 11(4): 707-726
Lecourieux F., Kappel C., Lecourieux D., *et al.* 2014. An update on sugar transport and signalling in grapevine. Journal of Experimental Botany, 65(3): 821
Lobos G. A., Acevedoopazo C., Guajardomoreno A., *et al.* 2015. Effects of kaolin-based particle film and fruit zone netting on Cabernet Sauvignon grapevine physiology and fruit quality. Journal International Des Sciences De La Vigne Et Du Vin, 49(2): 137-144
Mori K., Hashizume K. 2007. Loss of anthocyanins in red-wine grape under high temperature. Journal of Experimental Botany, 58(8): 1935
Olivares D., Contreras C., Muñoz V., *et al.* 2017. Relationship among color development, anthocyanin and pigment-related gene expression in 'Crimson Seedless' grapes treated with abscisic acid and sucrose. Plant Physiology & Biochemistry, 115: 286-297
Pease C. E., López-Olguín J. F., Pérez-Moreno I., *et al.* 2016. Effects of kaolin on lobesia botrana (Lepidoptera: Tortricidae) and its compatibility with the natural enemy, trichogramma cacoeciae (Hymenoptera: Trichogrammatidae). Journal of Economic Entomology, 109(2): 740-745
Rosati A., Metcalf S., Buchner R., *et al.* 2007. Effects of kaolin application on light absorption and distribution, radiation use efficiency and photosynthesis of almond and walnut canopies. Annals of Botany, 99(2): 255-263
Rossitza A., Marina L., Cécile G., *et al.* 2003. Sugar-regulated expression of a putative hexose transport gene in grape. Plant Physiology, 131(1): 326-334
Schrader L. E., Zhang J., Sun J. 2003. Environmental stresses that cause sunburn of apple. Acta Horticulturae, 618(618): 379-405
Sharma R. R., Reddy S. V. R., Datta S. C. 2015. Particle films and their applications in horticultural crops. Applied Clay Science, 116: 54-68
Shellie K. C. 2015. Foliar reflective film and water deficit increase anthocyanin to soluble solids ratio during berry ripening in merlot. American Journal of Enology and Viticulture, 66(3): 348-356
Shellie K. C., Glenn D. M. 2008. Wine grape response to foliar particle f under differing levels of preveraison water stress. Hortscience, 43(5): 1392-1397
Shellie K. C., King B. A. 2013a. Kaolin particle film and water deficit influence Malbec leaf and berry temperature, pigments, and photosynthesis. American Journal of Enology and Viticulture, 64(2): 223-230
Shellie K. C., King B. A. 2013b. Kaolin particle film and water deficit influence red winegrape color under high solar radiation in an arid climate. American Journal of Enology and Viticulture, 64(2): 214-222
Silvia G., Elena L., Cinzia S., *et al.* 2006. Identification of sugar-modulated genes and evidence for in vivo sugar sensing in Arabidopsis. Journal of Plant Research, 119(2): 115-123
Sleezer S., Johnson D. T., Lewis B., *et al.* 2011. Foliar grape phylloxera, *Daktulosphaira vitifoliae*

(Fitch), seasonal biology, predictive model and management in the Ozarks region of the United States. Acta Horticulturae, 904(904): 151-156

Song J. Q., Shellie, K. C., Wang H., *et al.* 2012. Influence of deficit irrigation and kaolin particle film on grape composition and volatile compounds in Merlot grape (*Vitis vinifera* L.). Food Chemistry, 134(2): 841-850

Spayd S. E., Tarara J. M., Mee D. L., *et al.* 2002. Separation of sunlight and temperature effects on the composition of *Vitis vinifera* cv. merlot berries. American Journal of Enology and Viticulture, 53(3): 171-182

Tacoli F., Bell V. A., Cargnus E., *et al.* 2018. Insecticidal activity of natural products against vineyard mealybugs (Hemiptera: Pseudococcidae). Crop Protection, 111: 50-57

Tubajika K. M., Civerolo E. L., Puterka G. J., *et al.* 2007. The effects of kaolin, harpin, and imidacloprid on development of Pierce's disease in grape. Crop Protection, 26(2): 92-99

Valizadeh H., Abbasipour H., Farazmand H., *et al.* 2013. Evaluation of kaolin application on oviposition control of the vine cicada, psalmocharias alhageos in vineyards (Homoptera: Cicadidae). Entomologia Generalis, 34(4): 279-286

Walters, D. R. 2006. Disguising the leaf surface: the use of leaf coatings for plant disease control. European Journal of Plant Pathology, 114(3): 255-260

Wang Y., Cao X., Han Y. L., *et al.* 2022a. Kaolin particle film protects grapevine cv. Cabernet Sauvignon against downy mildew by forming particle film at the leaf surface, directly acting on sporangia and inducing the defense of the plant. Front. Plant Sci., 12: 796545

Wang Y., Cao X., Wang Z., *et al.* 2022b. Kaolin particle film limits grapevine downy mildew epidemic under open-field conditions and stimulates the plant defense response. Australian Journal of Grape and Wine Research. doi: 10.1111/ajgw.12558

Wang Y., Xue T., Han X., *et al.* 2020. Kaolin particle film affects grapevine berry quality in cv. Meili in humid climate conditions. HortScience, 55(12):1987-2000.

Yamane T., Jeong S. T., Gotoyamamoto N., *et al.* 2006. Effects of temperature on anthocyanin biosynthesis in grape berry skins. American Journal of Enology and Viticulture, 57(1): 54-59

Zheng Y., Li T., Liu H., *et al.* 2009. Sugars induce anthocyanin accumulation and flavanone 3-hydroxylase expression in grape berries. Plant Growth Regulation, 58(3): 251-260

第 8 章　酿酒葡萄园生态系统服务功能

在 2020 年 9 月 22 日第七十五届联合国大会一般性辩论上，习近平主席发表重要讲话指出：中国将提高国家自主贡献力度，采取更加有力的政策和措施，二氧化碳排放力争于 2030 年前达到峰值，努力争取 2060 年前实现碳中和。这一承诺表明中国将采取更为积极的减排举措，减少大气中的 CO_2 浓度。2021 年，中国的葡萄栽培面积达到 $8.30\times10^5hm^2$，葡萄已成为重要的果树经济作物，在农业经济中占有重要地位。随着我国酿酒葡萄种植规模不断扩大，酿酒葡萄的固碳能力对我国“双碳”目标的实现具有重要作用。

在当前全球气候变化的背景下，葡萄园生态系统的碳汇功能和 CO_2 减排成为关注的焦点。碳汇是指生态系统吸收、储存 CO_2 的多少，或者说是生态系统有机碳储量的净增量，常用净生态系统碳交换量（net ecosystem exchange，NEE）来表征。净生态系统碳交换量是生态系统释放与吸收 CO_2 的差值，该值为正表明向大气中释放 CO_2；该值为负则表示吸收 CO_2，此时葡萄园主要进行光合作用，为碳汇功能。葡萄园生态系统作为固碳的重要载体，每年固定、储存的碳对减缓温室气体排放具有重要意义。酿酒葡萄作为经济林的一种，是特色人工经济林的典型代表，酿酒葡萄植株可以长期储存碳（Kroodsma and Field，2006）；酿酒葡萄园也储存了大量的碳（Tezza *et al.*，2019；Wolff *et al.*，2018）。对中国酿酒葡萄园碳储量的研究表明，其碳储量非常大，有着强大的碳汇功能（Zhang *et al.*，2021a；Guo *et al.*，2014）。总之，葡萄作为多年生藤本作物，每年大量地吸收大气中的 CO_2，将碳长期封存在木质组织中，有助于减缓全球变暖。

生态系统服务功能是指生态系统提供的商品和服务，代表着人类直接和间接地从生态系统中得到的益处。碳汇是酿酒葡萄园生态服务功能之一。除此之外酿酒葡萄园生态系统服务功能还包括食品生产、节水增效、土壤保持、涵养水源、净化大气、气候调节、生态扶贫、生态旅游、增加生物多样性等。葡萄酒产业具有重要的生态价值，究其原因是葡萄作为经济林，产出果品的同时，还可以视为特色绿色林，有利于生态环境的改善，主要体现在固碳释氧、节水增效和净化大气等方面（Assandri *et al.*，2018；Daane *et al.*，2018；Rusch *et al.*，2017）。葡萄酒产业的生态价值研究，既能展现葡萄酒产业的直接效益，又能量化其生态效益，为葡萄酒产业可持续高质量发展提供坚实的理论和实践基础。

8.1 酿酒葡萄的生态系统服务功能

我们从食品生产、固碳释氧、净化大气、土壤保持、涵养水源、节水增效、生态旅游和生态扶贫 8 个方面定量分析了宁夏贺兰山东麓产区及红寺堡子产区 2018 年酿酒葡萄的生态系统服务功能（Wang *et al.*，2021；Zhang *et al.*，2021b）。

2018 年，宁夏贺兰山东麓产区酿酒葡萄的生态系统服务功能的总价值为 78.26 亿元，其中，食品生产为 38.90 亿元，占比 49.74%；生态旅游为 34.20 亿元，占比 43.66%；生态扶贫为 3.77 亿元，占比 4.81%；固碳释氧、节水增效、土壤保持、净化大气和涵养水源的价值之和仅为 1.39 亿元，占比 1.79%（表 8-1）。红寺堡酿酒葡萄的生态系统服务功能的总价值为 8.39 亿元，其中食品生产为 7.07 亿元，占比 84.18%；生态扶贫为 0.80 亿元，占比 9.53%；生态旅游为 0.27 亿元，占比 3.25%；固碳释氧、节水增效、土壤保持、净化大气和涵养水源的价值之和仅为 0.25 亿元，占比 3.04%（表 8-1）。上述结果表明，宁夏贺兰山东麓及红寺堡酿酒葡萄具有重要的生态价值，对该区生态环境的贡献、生态环境的保护具有重要作用。葡萄酒属于食品的范畴，价值巨大。红寺堡产区为种植酿酒葡萄的优势产区，光照充足，

表 8-1　酿酒葡萄生态系统服务功能

生态功能	计算公式	贺兰山东麓产区的价值（元）	各功能所占比例（%）	红寺堡产区的价值（元）	各功能所占比例（%）
食品生产	$W_f=P\cdot A$	3.89×10^9	49.74	7.07×10^8	84.18
固碳释氧	$CV=Pc\cdot N\cdot A\cdot a$	3.03×10^7	1.57	5.50×10^6	2.67
	$OV=Po\cdot N\cdot A\cdot b$	9.29×10^7		1.69×10^7	
净化大气	$U_{SO_2}=K_{SO_2}\cdot Q_{SO_2}\cdot A$	2.10×10^6	0.03	3.82×10^5	0.07
	$U_{NO_x}=K_{NO_x}\cdot Q_{NO_x}\cdot A$	2.80×10^5		5.09×10^4	
	$U_{HF}=K_{HF}\cdot Q_{HF}\cdot A$	1.87×10^5		3.39×10^4	
	$U_S=K_S\cdot Q_S\cdot A$	5.96×10^4		1.08×10^4	
土壤保持	$W_s=(S-L)\cdot A\cdot P$	5.08×10^6	0.06	9.22×10^5	0.11
涵养水源	$W_w=(R-E)\cdot A\cdot P$	4.17×10^5	0.01	7.58×10^4	0.01
节水增效	$Q=(X-x)\cdot A\cdot P$	8.56×10^6	0.11	1.55×10^6	0.19
生态旅游	$V=P\cdot N\cdot Y$	3.42×10^9	43.66	2.73×10^7	3.25
生态扶贫	$PA=P\cdot N$	3.77×10^8	4.81	8.00×10^7	9.53
总计		7 826 420 882	100.00	839 419 971	100.00

注：计算公式中，各字母代表的详细含义见本章附录：酿酒葡萄生态系统服务功能计算公式和计算依据

热量丰富，昼夜温差大，有利于葡萄的糖分积累、充分发育和良好成熟，有着酿酒葡萄种植的优越条件，显著提升了酿酒葡萄的食品生产效益（Liu *et al.*，2016；Boran *et al.*，2015）。

在中国干旱和半干旱地区，植被的生长和生存受到水资源的严重限制（Li *et al.*，2015；Donohue *et al.*，2007）。这就要求在节约水资源的同时，尽量提高水的使用效率。葡萄对水资源的利用效率高于粮食作物和蔬菜作物，耗水量低于其他作物。例如，西北地区几种主栽经济作物耗水量分别为，酿酒葡萄 3900t/hm^2，枸杞 4200t/hm^2，玉米、小麦和黄花菜均为 5400t/hm^2。而且种植酿酒葡萄时可以通过调亏灌溉进一步节约水资源（Wang *et al.*，2019；Savi *et al.*，2018；Ayars *et al.*，2017）。酿酒葡萄节水增效价值显著（表 8-1），对干旱和半干旱地区的生态环境改善及可持续发展具有重要意义。

8.2　酿酒葡萄园碳储量

酿酒葡萄园生态系统是农业生态系统的重要组成部分，与草原生态系统相比，单位面积碳固定量更高；与非经济林生态系统相比，人为可控性大。集中连片栽培的葡萄园具有重要的 CO_2 减排效应和生态服务功能。碳汇是生态系统吸收、储存 CO_2 的能力，碳储量是对碳汇的静态描述。酿酒葡萄植株的叶片通过光合作用固定大气中的 CO_2，通过地表凋落物、细根周转和根系分泌物将光合产物固定到土壤中，又通过自身呼吸作用、土壤呼吸等过程释放 CO_2。因此，研究葡萄园生态系统的碳储量，应该包括酿酒葡萄植株（包括地上部和地下部根系）生物量碳储量和土壤碳储量。酿酒葡萄园碳储量还取决于种植密度、植株生物量和有机碳含量等因素。

8.2.1　酿酒葡萄生物量碳储量及分布特征

葡萄园分生物量（各径阶生物量）的估算。将各径阶平均基径分别代入各器官生物量模型，计算出各径阶器官生物量，再乘以相应的种植储量（6667 株/hm^2）就是单位面积各径阶器官总生物量（t/hm^2）。各径阶生物量碳储量为各径阶器官总生物量乘以各器官碳含量，各径阶生物量碳储量求和即可得到单位面积葡萄植株碳储量。计算步骤如下：

选择相对生长模型作为葡萄园生物量估算模型：

$$Y = aX^b$$

式中，X 为酿酒葡萄植株的基径；Y 为酿酒葡萄各器官的生物量；a、b 为供试树体回归所得的常数。

葡萄植株生物量碳储量计算公式如下：

$$SV = A\sum B_i C_i$$

式中，SV 为葡萄植株生物量碳储量；A 为种植密度；B_i 为第 i 类植株器官的生物量；C_i 为第 i 类植株器官的碳含量。i 分别为主干、根系、多年生枝条、一年生枝条、叶片和果实。

酿酒葡萄各器官的有机碳含量随着主干基径增加而增加，植株同一径级不同器官的有机碳含量存在差异。各器官的有机碳含量总体上较高，均高于 390g/kg，其中果实的平均有机碳含量最高，其次分别是多年生枝条、根、一年生枝条和叶（Zhang *et al.*，2021a）。

不同品种葡萄植株的碳储量不同，由高到低分别为‘赤霞珠’（3.11kg/株）＞‘西拉’（2.52kg/株）＞‘霞多丽’（2.04kg/株）＞‘长相思’（1.92kg/株）＞‘美乐’（1.9kg/株）＞‘雷司令’（1.44kg/株）＞‘黑皮诺’（1.27kg/株）＞‘灰皮诺’（0.78kg/株）（Wightwick *et al.*，2013）。

从单位面积碳储量在葡萄各器官中的分配来看，‘美乐’根系的碳储量最大，为 1.54t/hm^2，占总碳储量的 34.92%；多年生枝条的碳储量为 0.95t/hm^2，占 21.54%；果实和一年生枝条的碳储量占比分别为 16.33%和 13.83%；叶的碳储量占比最低，仅为 13.38%。除‘赤霞珠’之外，‘美乐’、‘霞多丽’和‘贵人香’的各器官碳储量由高到低分别是根系＞多年生枝条＞果实＞一年生枝条＞叶（Zhang *et al.*，2021a）。因此，多年生器官（根和多年生枝条）是酿酒葡萄碳储量的主要贡献者。酿酒葡萄的深根系有助于碳封存，根系碳储量较高。研究发现，根系的碳储量为 4.1t/hm^2，占总生物量碳储量的 33%，且酿酒葡萄植株地下根系的碳储量主要储存于根径大于 6mm 的根系中（Morandé *et al.*，2017）。

8.2.2 酿酒葡萄园土壤碳储量及分布特征

土壤碳储量估算限定在表土层 100cm 深度内，不包括地表凋落物，其计算公式为

$$S_d = \sum_{i=1}^{d} D_i \cdot H_i \cdot C_i$$

式中，S_d 为土壤表层 d 深度内单位面积土壤碳储量；D_i 为第 i 土层的容重；H_i 为第 i 土层的深度；C_i 为第 i 土层的碳含量。

酿酒葡萄园土壤碳储量大小取决于有机碳含量、土壤容重和水分含量等因素，其有机碳含量和容重呈现明显的垂直分布：0～20cm 土层的有机碳含量最高，土壤容重最小；随着土层深度的增加，土壤有机碳含量下降，土壤容重增加（表 8-2）。总之，各土层的碳储量随着土层深度的增加而减少，土壤碳储量

主要集中于表层土壤（0～20cm）；在同一土层的土壤碳储量中，红色品种葡萄园土壤碳储量高于白色品种葡萄园。此外，酿酒葡萄园土壤碳储量高于未耕作土地（表 8-2）。

表 8-2　酿酒葡萄园各土层土壤的容重、有机碳含量和碳储量

酿酒葡萄园	土层（cm）	容重（g/cm^3）	有机碳含量（g/kg）	碳储量（t/hm^2）	碳储量占比（%）
赤霞珠	0～20	1.10±0.04d	6.81±0.69a	15.03±1.47a	34.86
	20～40	1.20±0.05c	4.72±0.82b	11.35±2.14b	26.32
	40～60	1.27±0.05b	3.03±0.51c	7.75±1.50c	17.97
	60～100	1.33±0.05a	1.68±0.55d	8.99±3.20c	20.85
	总计	—	—	43.12	100.00
美乐	0～20	1.08±0.04d	5.82±0.55a	12.56±1.28a	30.95
	20～40	1.18±0.03c	4.59±0.62b	10.83±1.41b	26.69
	40～60	1.24±0.04b	3.55±0.50c	8.78±1.26c	21.64
	60～100	1.34±0.04a	1.56±0.43d	8.41±2.47c	20.72
	总计	—	—	40.58	100.00
霞多丽	0～20	1.04±0.03d	5.70±0.49a	11.86±1.13a	32.31
	20～40	1.16±0.06c	4.39±0.97b	10.16±2.27b	27.68
	40～60	1.24±0.06b	3.01±0.96c	7.47±1.76c	20.35
	60～100	1.32±0.08a	1.38±0.38d	7.22±1.84c	19.67
	总计	—	—	36.71	100.00
贵人香	0～20	1.06±0.04b	5.83±0.64a	12.38±1.36a	35.69
	20～40	1.15±0.06b	3.62±0.52b	8.37±1.42b	24.13
	40～60	1.34±0.23a	2.64±0.53c	7.20±2.62b	20.76
	60～100	1.34±0.04a	1.26±0.29d	6.74±1.50b	19.43
	总计	—	—	34.69	100.00
未耕作土地	0～20	1.16±0.09b	2.29±1.11a	2.68±1.42a	33.25
	20～40	1.28±0.03ab	1.94±0.93a	2.48±1.21a	30.77
	40～60	1.34±0.15ab	1.28±0.35a	1.73±0.61a	21.46
	60～100	1.45±0.06a	0.80±0.16a	1.17±0.26a	14.52
	总计	—	—	8.06	100.00

注：数据为平均值±标准差；“—”表示没有总计值

为了实现优质、稳产、长寿、美观的可持续发展目标（李华和王华，2016），需要对酿酒葡萄进行栽培管理，栽培管理技术对酿酒葡萄园碳储量和碳汇功能有显著的影响。通过研究农艺措施中的耕作、施肥和农药等因素对酿酒葡萄园碳储量的影响，发现杀虫剂、化肥和农药的使用不仅是葡萄园中温室气体排放的主要来源，而且会显著影响酿酒葡萄园的碳储量（Fusi *et al.*，2014；Pizzigallo *et al.*，2008）。酿酒葡萄栽培过程中的一些措施能显著提高葡萄园土壤碳储量，如将修剪枝、枯蔓、疏花、疏叶等作为有机质拌入土壤中进行碳封存，增加了土壤有机质；施用有机肥（粪肥、农作物残体、秸秆等）和生草覆盖也增加了土壤有机碳储量（Lal，2004）。葡萄园生态系统中土壤是一个巨大的碳库，更高的土壤有机碳有利于改善土壤肥力、结构和物理性质，增加微生物活性和持水能力。土壤碳储量也取决于土壤类型、气候（主要是降水和温度）、土地管理和植被，可以通过施用有机肥、堆肥或植物残骸来改善碳储量（Williams *et al.*，2011）。此外，酿酒过程中产生的皮渣施入土壤中，有助于碳的长期储存，同样说明了土壤是一个巨大的碳储存库。

8.2.3 酿酒葡萄园总碳储量及分布特征

酿酒葡萄园生态系统中，碳可以短期储存于一年生器官（叶、果实和一年生枝条）中，长期储存于根、主蔓和主干等多年生器官中，或储存于土壤碳库中。在整个葡萄园中，30%的碳封存在葡萄植株生物量中，其他 70%储存在土壤中。葡萄园总碳储量与株龄、葡萄品种等有关。在美国加利福尼亚州的研究发现，葡萄园总碳储量为 87.10t/hm^2（Williams *et al.*，2011）。Chiarawipa 等（2013）研究中国北方地区的 3 个酿酒葡萄园的碳储量，发现 18 年生的葡萄园总碳储量为 77.04t/hm^2，10 年生和 5 年生葡萄园总碳储量分别为 66.92t/hm^2 和 55.41t/hm^2。在不同品种葡萄园总碳储量的研究中，碳储量最高的是‘赤霞珠’葡萄园，为 42.75t/hm^2，最低的是‘霞多丽’葡萄园，为 8.02t/hm^2（Wolff *et al.*，2018）。

我们的研究表明，在宁夏贺兰山东麓产区，7 年生的‘赤霞珠’葡萄园碳储量为 55.35t/hm^2，其中，生物量碳储量为 12.23t/hm^2（叶 1.85t/hm^2、果实 2.15t/hm^2、一年生枝条 1.83t/hm^2、多年生枝条 2.62t/hm^2 和根 3.78t/hm^2），仅占 22.10%；土壤碳储量为 43.12t/hm^2，占总碳储量的 77.90%。2 年生的‘霞多丽’葡萄园碳储量为 39.48t/hm^2，其中，土壤碳储量为 36.71t/hm^2，占总碳储量的 92.98%；生物量碳储量为 2.77t/hm^2，仅占 7.02%（Zhang *et al.*，2021a）（表 8-3）。因此，在葡萄园生态系统中，土壤是碳储量的最重要贡献者，葡萄植株对葡萄园总碳储量起到的作用较小。此外，同龄酿酒葡萄园碳储量比较，红色品种葡萄园的碳储量高于白色品种葡萄园碳储量。

表 8-3　酿酒葡萄园生态系统碳储量分布特征

酿酒葡萄园	树龄（年）	植株		土壤		总碳储量 (t/hm^2)
		碳储量 (t/hm^2)	占比（%）	碳储量 (t/hm^2)	占比（%）	
赤霞珠	7	12.23	22.10	43.12	77.90	55.35
美乐	2	4.41	9.80	40.58	90.20	44.99
霞多丽	2	2.77	7.02	36.71	92.98	39.48
贵人香	7	9.89	22.18	34.69	77.82	44.58

8.2.4 基于换算系数的酿酒葡萄园碳汇量估算

本节假定酿酒葡萄园不被破坏和砍伐，由酿酒葡萄园呼吸作用释放的 CO_2 不予考虑，将酿酒葡萄园仅看作是固定和吸收 CO_2 的一种手段，酿酒葡萄园碳储量看作是其所附带的一种生态产品——碳汇。

研究宁夏贺兰山东麓产区和山东蓬莱产区的酿酒葡萄园碳汇时，发现酿酒葡萄主干基径与各器官生物量均具有显著的相关性，说明酿酒葡萄主干基径可以作为测量指标，能够准确地分析酿酒葡萄植株各器官的生物量。根据前期的研究结果，将酿酒葡萄的树龄、主干基径、生物量、有机碳含量和碳汇等汇总于表 8-4。

表 8-4　酿酒葡萄植株碳汇量估算

产区	品种	树龄（年）	主干基径范围（cm）	生物量（kg/株）	平均碳含量（g/kg）	碳汇量（g/株）
宁夏贺兰山东麓产区	赤霞珠	5	1.78～4.12	3.05	413.58	1261.42
	赤霞珠	7	1.88～4.55	3.22	425.76	1370.95
	赤霞珠	10	2.83～5.09	4.21	420.82	1771.65
	赤霞珠	15	3.90～6.01	4.77	419.98	2003.30
	赤霞珠	20	4.23～7.87	7.21	427.67	3083.50
	美乐	2	0.75～3.75	1.29	416.75	537.61
	霞多丽	2	0.75～3.21	0.77	425.07	327.30
	贵人香	7	1.67～3.75	2.59	411.39	1065.50
山东蓬莱产区	赤霞珠	18	4.50～8.10	9.63	432.88	4168.63
	小味儿多	3	1.60～3.00	1.42	426.53	605.67
	贵人香	3	1.88～4.00	2.11	418.99	884.07

注：平均碳含量为酿酒葡萄的主干、根系、多年生枝条、一年生枝条、叶片和果实有机碳含量的平均值

研究结果表明：宁夏贺兰山东麓产区 10 年生‘赤霞珠’酿酒葡萄园的土壤碳汇量为 $43.12t/hm^2$。根据酿酒葡萄园碳储量的研究结果，结合相关性分析，

制定出基于换算系数的碳汇量表（表 8-5），以便种植者、企业和政府管理部门使用，从而更加简便地估算出酿酒葡萄园的碳汇量大小。

表 8-5 不同树龄酿酒葡萄园碳汇量表

树龄范围（年）	计算公式
0～3	$S=P\times0.54+43\ 120$
4～7	$S=P\times1.26+43\ 120$
8～11	$S=P\times1.77+43\ 120$
12～15	$S=P\times2.00+43\ 120$
16～20	$S=P\times3.08+43\ 120$

注：S 为酿酒葡萄园碳汇量（kg/hm^2），P 为酿酒葡萄种植密度（株/hm^2）

根据酿酒葡萄植株的实际种植密度，种植者、企业和政府管理部门通过以上碳汇量表可计算出酿酒葡萄的碳汇量。例如，宁夏贺兰山东麓 17 年生的‘赤霞珠’葡萄园，种植密度为 6667 株/hm^2，则碳汇量为 $6667\times3.08+43\ 120=63\ 654.36kg/hm^2$。

8.2.5 酿酒葡萄园碳汇的经济价值

碳汇经济价值用下式表示：

$$V=P\cdot G$$

式中，V 为酿酒葡萄园碳汇经济价值（万元）；P 为碳单价；G 为碳汇量。

通常采用造林成本法、成本效益分析法、预期效益法 3 种方法计算酿酒葡萄园碳汇经济价值。造林成本法有 4 个碳单价，分别是 251.40 元/t（薛达元，1997）、260.90 元/t（成克武和崔国发，2000）、273.30 元/t（余新晓等，2002）和 305.00 元/t（施溯筠等，2002），通过计算 4 个单价的平均值可以得到合理的碳价格，为 272.65 元/t。成本效益分析法的碳单价为 518.41 元/t（唐晓川等，2009）。为平衡研究和便于比较，预期效益法将造林成本法的 4 种单价与成本效益分析法碳单价进行平均，为 321.80 元/t。利用以上 3 种方法计算宁夏红寺堡酿酒葡萄园碳汇的经济价值如图 8-1 所示。

我国普遍采用预期效益法计算人工林碳汇经济价值。红寺堡产区 7 年生‘赤霞珠’的碳储量达 55.35t/hm^2，按预期效益法计算，其碳汇经济价值为 1.78 万元/hm^2。截至 2018 年，宁夏红寺堡酿酒葡萄栽培面积为 7067hm^2，且以 7 年生‘赤霞珠’为主，以此计算，酿酒葡萄园碳汇经济价值为 1.26 亿元。这表明酿酒葡萄园是葡萄酒产业生态系统服务功能的基础。

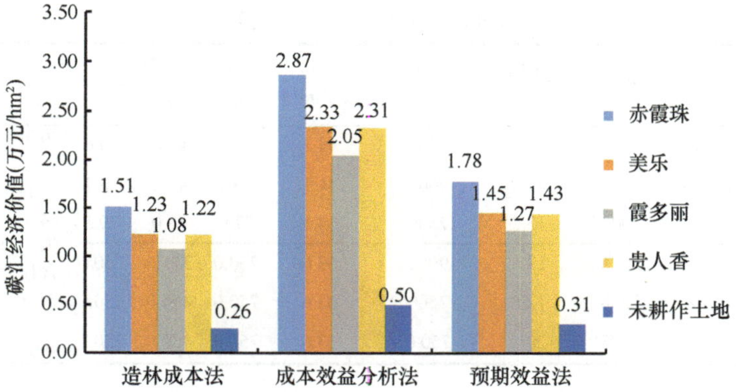

图 8-1　宁夏红寺堡酿酒葡萄园碳汇经济价值

8.3　栽培模式对酿酒葡萄园碳足迹和碳汇的影响

碳足迹是对某一活动引起的或某一产品生命周期内积累的直接和间接的温室气体排放总量，以 CO_2 排放当量（CO_2-eq）表示。在葡萄园生态系统碳循环规律中，碳足迹属于向外界排放的碳，用负值表示。碳储量属于从外界吸收、固定的碳，用正值表示（张亮等，2020）。因此可通过碳足迹、碳储量衡量葡萄园碳汇功能，即碳汇=碳储量–碳足迹。

酿酒葡萄栽培是葡萄酒产业的基础。酿酒葡萄栽培模式不仅通过农资的使用、栽培管理等对酿酒葡萄园碳储量、碳汇功能和碳足迹有显著的影响（Fusi *et al.*，2014；Pizzigallo *et al.*，2008），还通过影响葡萄的质量、特性和自然微生物群体（Wei *et al.*，2022）等影响葡萄酒酿造的碳足迹。因此，我们在山东蓬莱君顶酒庄以传统栽培模式为对照，研究了极简化生态栽培模式对酿酒葡萄园碳足迹和碳汇的影响。

与对照葡萄传统栽培模式（单干双臂整形+单株管理+冬季修剪+清耕）比较，葡萄极简化生态栽培模式，则以“树形控制（单干双臂整形、群体管理）+全面生草+行内枝条覆盖+冬季留枝”为核心（李华和王华，2018），强调保护生物多样性及控制和减少化肥、农药的使用等。自 2000 年以来，君顶酒庄开始实施极简化生态栽培模式，供试葡萄园的基本情况如表 8-6 所示。

8.3.1　碳足迹边界划分

酿酒葡萄“从摇篮到坟墓”为整个生命周期（张丹和张卫峰，2016），在这个生命周期内，我们研究了 2020 年 10 月到 2021 年 9 月（2020 年 10 月葡萄采收结

表 8-6　供试葡萄园有关情况

处理	品种	定植年份	面积（hm^2）	产量（kg/hm^2）	农药（kg/hm^2）	追肥（kg/hm^2）			相同操作
						N	P_2O_5	K_2O	
极简化生态栽培模式	贵人香	2018	26.7	9000	44.1	24.0	41.4	60.6	施用有机肥羊粪（基肥），每年 $15t/hm^2$。羊粪中有机质含量为 24%～27%，氮素含量为 0.7%～0.8%，磷素含量为 0.45%～0.6%，钾素含量为 0.3%～0.6%。灌溉量每年 $900m^3/hm^2$
	小味尔多	2018	20.0	9000	44.1	26.4	45.0	73.1	
	赤霞珠	2003	13.3	7500	44.1	27.0	48.0	79.5	
传统栽培模式	贵人香	2018	13.3	9000	63.6	750.0	375.0	750.0	
	小味尔多	2018	12.0	7500	63.6	750.0	450.0	750.0	
	赤霞珠	2003	20.0	750.0	63.6	750.0	450.0	750.0	

束，2021 年 9 月葡萄成熟，陆续开始采收）‘贵人香’、‘小味尔多’和‘赤霞珠’3 种酿酒葡萄园的碳足迹，包括农资上游生产环节、栽培环节的碳足迹。其中，农资主要包括化肥、有机肥、农药、柴油、电能等。栽培环节主要产生的温室气体为 N_2O、CO_2。通过与葡萄种植（君顶酒庄）管理人员进行深度沟通及提供调查问卷的方式，获得了 3 种酿酒葡萄园土地利用、投入产出及生产方式等方面的原始数据（表 8-6）。

8.3.1.1　农资上游生产环节的碳足迹核算

农资上游生产环节的碳足迹计算公式如下：

$$C_{\mathrm{p}} = \sum B_i \cdot \mathrm{EF}_i$$

式中，C_{p} 为单位面积的农资投入引起的间接碳排放（kg CO_2-eq/hm^2）；B_i 为第 i 类农资投入的总量（kg/hm^2）；EF_i 为第 i 类农资投入的排放系数（kg CO_2-eq/kg）。

供试葡萄园基本情况如表 8-6 所示，其中割草（极简化生态栽培模式中，当行间杂草长到 5～10cm 时需要进行割草）、喷洒农药等农业活动使用机器主要消耗柴油。电能消耗主要由葡萄园灌溉（滴灌，3 次/年）产生，其中电能排放因子取值为 0.25kg CO_2-eq/(kW·h)（杨自立等，2016）。

8.3.1.2　酿酒葡萄园栽培环节碳足迹核算

酿酒葡萄园栽培环节碳足迹计算公式如下：

$$C_{\mathrm{c}} = C_{\mathrm{N_2O}} + C_{\mathrm{d}}$$

式中，C_{c} 为栽培环节产生的碳排放（kg CO_2-eq/hm^2）；$C_{\mathrm{N_2O}}$ 为酿酒葡萄园积累的 N_2O 的 CO_2 排放当量（kg CO_2-eq/hm^2）；C_{d} 为生产活动中柴油消耗产生的直接温室气体排放（kg CO_2-eq/hm^2）。

由施用有机肥及氮肥产生的 N_2O 排放计算公式为

$$N_2O_{排放}=N\cdot a\cdot\frac{44}{28}$$

式中，N 为施用化肥、有机肥等带入系统的纯氮量［kg N/hm^2］；a 为 N 投入引起的 N_2O 排放的排放系数，取 0.003（崔文超等，2020）；$\frac{44}{28}$ 为 N_2 转换为 N_2O 的系数（表 8-7）。

表 8-7　各项农资投入的温室气体排放因子

项目							
项目	上游生产环节	排放系数	氮肥	磷肥	钾肥	柴油	农药
			2.2	0.6	0.2	2.9	10.6
		数据来源	Zhang *et al.*，2013	陈舜等，2015	陈舜等，2015	陈舜等，2015	陈舜等，2016
	栽培环节		氮转化为氧化亚氮	N_2O 转化为 CO_2 增温潜势转换系数			柴油
		排放系数	$\frac{44}{28}$	298			2.63
		数据来源	闫明，2015	闫明，2015			闫明，2015

按照全球增温潜势（GWP），不同温室气体有不同增温效应，因此 N_2O 排放量需要乘以 298（表 8-7）换算为 CO_2 当量（C_{N_2O}）。酿酒葡萄园积累的 N_2O 的 CO_2 排放当量（C_{N_2O}）可表示为

$$C_{N_2O}=N_2O_{排放}\times 298$$

式中，C_{N_2O} 为酿酒葡萄园积累的 N_2O 的 CO_2 排放当量（kg CO_2-eq/hm^2）；$N_2O_{排放}$ 为由于施用有机肥及氮肥而积累在酿酒葡萄园的 N_2O（kg/hm^2）。

栽培环节中消耗柴油引起的直接碳排放（C_d）可根据公式 $C_p=\sum B_i\times EF_i$ 核算，但碳排放系数与上游生产环节不同，取 2.63（表 8-7）。

8.3.1.3　酿酒葡萄园碳足迹核算

葡萄园碳足迹（C_T）计算公式可表示为

$$C_T=C_p+C_c$$

式中，C_T 为葡萄园碳足迹（kg CO_2-eq/hm^2），C_p 为农资上游生产环节的碳足迹（kg CO_2-eq/hm^2）；C_c 为栽培环节中产生的碳足迹（kg CO_2-eq/hm^2）。

8.3.1.4　单位产值碳足迹核算

为了对经济效益和环境效益进行综合评价，单位产值碳足迹可表示为

$$CF_{output}=CF_{agriculture}/P$$

式中，CF_{output} 为单位酿酒葡萄产值碳足迹（kg CO_2-eq/元）；$CF_{agriculture}$ 为酿酒葡萄碳足迹（kg CO_2-eq/hm^2）；P 为单位面积的酿酒葡萄产值（元/hm^2）。

8.3.2 酿酒葡萄园碳足迹核算结果

8.3.2.1 单位面积碳足迹

通过酿酒葡萄实际栽培现状，利用生命周期法核算了酿酒葡萄园的碳足迹。结果表明，品种间碳足迹的差异不大；在整个酿酒葡萄生产过程中，以碳足迹最高的传统栽培‘赤霞珠’为例，上游生产环节中，由化肥引起的间接排放最高（2.07t CO_2-eq/hm^2、占总碳足迹的 34.10%）；其次是栽培环节葡萄园积累的氧化亚氮排放的二氧化碳当量（1.21t CO_2-eq/hm^2、占总碳足迹的 19.93%）。而栽培环节农资投入直接排放（1.95t CO_2-eq/hm^2）仅为上游生产环节农资投入间接排放（4.12t CO_2-eq/hm^2）的 47.33%（表 8-8）。

表 8-8 2021 年山东蓬莱产区君顶酒庄酿酒葡萄园碳足迹核算

（单位：t CO_2-eq/hm^2）

			极简化生态栽培模式			传统栽培模式		
			贵人香	小味尔多	赤霞珠	贵人香	小味尔多	赤霞珠
上游生产环节	化肥	氮肥	0.05	0.06	0.06	1.65	1.65	1.65
		磷肥	0.02	0.03	0.03	0.23	0.27	0.27
		钾肥	0.01	0.01	0.02	0.15	0.15	0.15
	农药		0.47	0.47	0.47	0.67	0.67	0.67
	柴油		0.54	0.54	0.54	0.81	0.81	0.81
	电能	灌溉	0.56	0.56	0.56	0.56	0.56	0.56
	合计		1.66	1.67	1.68	4.08	4.12	4.12
栽培环节	柴油		0.49	0.49	0.49	0.74	0.74	0.74
	N_2O 的 CO_2 排放当量		0.19	0.20	0.20	1.21	1.21	1.21
	合计		0.68	0.69	0.69	1.95	1.95	1.95
合计	碳足迹		2.35	2.36	2.37	6.03	6.07	6.07

上游生产环节中，农资投入间接碳排放包括氮肥、农药、柴油的生产造成的碳排放，高于电能生产造成的碳排放。而在栽培环节中，由氮肥、有机肥等农资的使用造成的土壤 N_2O 排放，高于农资投入直接的 CO_2 排放。因此，在整个酿酒葡萄生产过程中，氮肥、农药、柴油、有机肥等农资的投入，是碳排放的主要来源，由此引起的碳排放占总碳排放的 83.32%。

针对传统栽培模式下葡萄生产过程的高碳排放环节，极简化生态栽培模式大大降低了氮肥、磷肥、钾肥、农药、柴油等农资的用量（表 8-6），极显著地降低了葡萄农资生产过程中的碳排放，使‘贵人香’、‘小味尔多’和‘赤霞珠’的总碳排放仅为传统栽培模式的 38.97%、38.88%、39.04%（表 8-8）。

8.3.2.2　单位产值碳足迹

根据市场价格法，2021 年当地‘贵人香’市场平均价格为 11 元/kg、‘小味尔多’11 元/kg、‘赤霞珠’12 元/kg，对 3 种酿酒葡萄单位面积产值和单位产值碳足迹进行了计算。结果表明，极简化生态栽培模式下，3 种酿酒葡萄单位产值碳足迹均极显著低于传统栽培模式（表 8-9），‘贵人香’、‘小味尔多’和‘赤霞珠’的单位产值碳足迹仅分别为传统栽培模式的 33.33%、28.57%和 42.86%。

表 8-9　3 种酿酒葡萄单位面积经济价值和碳足迹核算

		贵人香	小味尔多	赤霞珠
极简化生态栽培模式	产量（kg/hm^2）	9 000	9 000	7 500
	单位面积产值（元/hm^2）	99 000	99 000	90 000
	单位产值碳足迹（kg CO_2-eq/元）	0.02	0.02	0.03
传统栽培模式	产量（kg/hm^2）	9 000	7 500	7 500
	单位面积产值（元/hm^2）	99 000	82 500	90 000
	单位产值碳足迹（kg CO_2-eq/元）	0.06	0.07	0.07

8.3.3　栽培模式对酿酒葡萄园碳储量的影响

酿酒葡萄园具有重要的碳汇功能。大多数研究只对酿酒葡萄植株和土壤中的碳储量进行了量化，而忽略了葡萄栽培过程中行间生草、行内枝条覆盖等固存的碳。因此，亟须开展极简化生态模式下（李华和王华，2020；Han *et al.*，2021）酿酒葡萄园碳储量研究。

研究发现极简化生态栽培模式下葡萄园的碳储量主要分布于土壤中（图 8-2）。‘赤霞珠’葡萄园的总碳储量为 80.24t/hm^2，其中，土壤碳储量为 62.84t/hm^2，

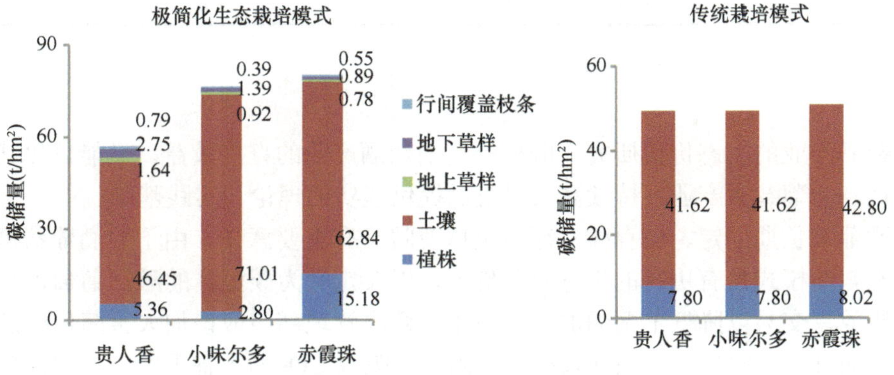

图 8-2　极简化生态栽培模式和传统栽培模式下酿酒葡萄园碳储量分布特征

酿酒葡萄植株碳储量为 15.18t/hm^2，草本植物碳储量为 1.67t/hm^2，行内覆盖枝条的碳储量为 0.55t/hm^2。在传统栽培模式中，‘赤霞珠’酿酒葡萄园碳储量为 50.82t/hm^2。与传统栽培模式比较，极简化生态栽培模式的行间全面生草、行内枝条覆盖等极显著提高了酿酒葡萄园碳储量。因此，极简化生态栽培模式下，酿酒葡萄园碳汇价值更大。

8.3.4 栽培模式对酿酒葡萄园碳汇的影响

在传统栽培模式下，酿酒葡萄园虽然能固定、储存碳，‘贵人香’、‘小味尔多’和‘赤霞珠’的碳储量分别为 49.42t/hm^2、49.42t/hm^2、50.82t/hm^2（图 8-2），但由于农药、化肥及其他污染物的大量投入，大大提高了酿酒葡萄园的碳足迹，致使传统栽培模式下酿酒葡萄园碳汇仅为 47.76～49.16t/hm^2（表 8-10）。而极简化生态栽培模式，一方面通过行间生草、行内枝条覆盖等措施，极显著地提高了酿酒葡萄园的碳储量（图 8-2），另一方面通过对葡萄生产中造成环境和土壤污染的投入品（如农药、化肥及其他污染物）的控制，极大地减少了酿酒葡萄生产的碳足迹，从而使得极简化生态栽培模式下酿酒葡萄园的碳汇提高到 56.35～79.59t/hm^2，‘贵人香’、‘小味尔多’和‘赤霞珠’葡萄园的碳汇量分别为传统栽培模式下的 1.18 倍、1.59 倍和 1.62 倍（表 8-10）。因此，极简化生态栽培模式的推广，能保证土地、葡萄、人的健康，确保生态系统持续健康发展。

表 8-10 极简化生态模式和传统栽培模式下酿酒园葡萄碳汇（单位：t/hm^2）

项目	极简化生态栽培模式			传统栽培模式		
	贵人香	小味尔多	赤霞珠	贵人香	小味尔多	赤霞珠
碳足迹	0.64	0.64	0.65	1.64	1.66	1.66
碳储量	56.99	76.50	80.24	49.42	49.42	50.82
碳汇	56.35	75.86	79.59	47.78	47.76	49.16

注：由比例系数 $\frac{12}{44}$，将二氧化碳当量转化为碳当量

葡萄酒产业的生态价值研究，既能展现葡萄酒产业的直接效益，又能量化其生态效益，为葡萄酒产业可持续高质量发展提供坚实的理论和实践基础。

酿酒葡萄长期固定、储存碳对减缓全球变暖具有重要意义。由于酿酒葡萄极简化生态栽培模式具有更高的生态服务价值，以及定义为碳汇林的酿酒葡萄可以进行碳排放权交易以降低葡萄酒的生产成本，政府管理部门应该加大极简化酿酒葡萄栽培的推广。此外，酿酒葡萄种植是固定和吸收 CO_2 的一种手段，将酿酒葡萄碳汇看作是一种生态产品，应给予生态补偿。酿酒葡萄生态补偿就是对葡萄种

植林的产权人提供相应的补助，让产权人能够更加积极地保护经济林，主动增加经济林面积和植被盖度，推广酿酒葡萄极简化生态栽培模式，为产区可持续高质量发展作出贡献。

主要参考文献

陈舜, 逯非, 王效科. 2015. 中国氮磷钾肥制造温室气体排放系数的估算. 生态学报, 35(19): 6371-6383

陈舜, 逯非, 王效科. 2016. 中国主要农作物种植农药施用温室气体排放估算. 生态学报, 36(9): 2560-2569

成克武, 崔国发. 2000. 北京喇叭沟门林区森林生物多样性经济价值评价. 北京林业大学学报, 22(4): 66-71

崔文超, 焦雯珺, 闵庆文, 等. 2020. 基于碳足迹的传统农业系统环境影响评价——以青田稻鱼共生系统为例. 生态学报, 40(13): 9

郭惠萍, 拓维庶, 刘自东, 等. 2013. 酿酒葡萄生产的投入产出与经济效益分析. 中外葡萄与葡萄酒, (4): 53-55

郭维华, 高云. 2013. 西北旱区葡萄园 CO_2 净交换量变化规律. 灌溉排水学报, (5): 107-109, 136

李华, 王华. 2016. 论中国葡萄酒产业的生态文明建设. 中外葡萄与葡萄酒, (1): 52-55

李华, 王华. 2018. 一种适应我国埋土防寒区可持续葡萄栽培模式. 中外葡萄与葡萄酒, (6): 68-73

李华, 王华. 2020. 极简化生态葡萄栽培. 中外葡萄与葡萄酒, 4: 47-51

马新辉, 孙根年, 任志远. 2002. 西安市植被净化大气物质量的测定及其价值评价. 干旱区资源与环境, (4): 83-86.

施溯筠, 李光, 张三焕. 2002. 长白山区森林固定 CO_2 价值的评估. 延边大学学报, 28(2): 134-137

宋振威, 孙美莹, 杨荣金, 等. 2019. 宁夏贺兰山东麓葡萄产业生态系统服务功能价值评估. 应用生态学报, (3): 979-985

唐晓川, 孙玉军, 王绍强, 等. 2009. 我国南方红壤区 CDM 造林再造林项目实证研究——以千烟洲生态试验站为例. 自然资源学报, 24(8): 1477-1487

肖寒, 欧阳志云, 王效科, 等. 2000. 森林生态系统服务功能及其生态经济价值评估初探——以海南岛尖峰岭热带森林为例. 应用生态学报, 11(4): 481-484

薛达元. 1997. 生物多样性经济价值评估. 北京: 中国环境科学出版社

闫明. 2015. 农业生产碳足迹及氮肥去向的计量研究. 南京农业大学博士学位论文

杨自立, 付军利, 高同雨, 等. 2016. 北京市现代化都市型农业经营活动碳足迹研究——以门头沟区京白梨果园为例. 中国农学通报, 32(3): 128-134

余新晓, 秦永胜, 陈丽华, 等. 2002. 北京山地森林生态系统服务功能及其价值初步研究. 生态学报, 22(5): 783-786

张丹, 张卫峰. 2016. 低碳农业与农作物碳足迹核算研究述评. 资源科学, 38(7): 11

张亮, 王志磊, 薛婷婷, 等. 2020. 葡萄园生态系统碳源/汇及碳减排策略研究进展. 植物生态学报, 44: 179-191

Assandri G., Bogliani G., Pedrini P., *et al*. 2018. Beautiful agricultural landscapes promote cultural ecosystem services and biodiversity conservation. Agriculture, Ecosystems & Environment, 256: 200-210

Ayars J. E., Abrisqueta I., Parry C., *et al.* 2017. Water management of irrigated Cabernet Sauvignon grapevines in semi-arid areas. American Journal of Enology and Viticulture, 68(4): 458-467

Boran H. U., Jie L. U., Wenbiao X. U., *et al.* 2015. Comparative study on the changes of aroma components in the grape and dry red wine of Cabernet Sauvignon. Journal of Animal & Plant Sciences, 25(3): 240-246

Chiarawipa R., Wang Y., Zhang Z. X., *et al.* 2013. Growing season carbon dynamics and stocks in relation to vine ages under a vineyard agroecosystem in Northern China. American Journal of Plant Physiology, 8: 1-16

Daane K. M., Hogg B. N., Wilson H., *et al.* 2018. Native grass ground covers provide multiple ecosystem services in Californian vineyards. Journal of Applied Ecology, 55(5): 2473-2483

Donohue R. J., Roderick M. L., Mcvicar T. R. 2007. On the importance of including vegetation dynamics in Budyko's hydrological model. Hydrology and Earth System Sciences, 11(2): 983-995

Fusi A., Guidetti R., Benedetto G. 2014. Delving into the environmental aspect of a Sardinian white wine: from partial to total life cycle assessment. Science of the Total Environment, 472: 989-1000

Guo W. H., Kang S. Z., Li F. S. 2014. Variation of NEE and its controlling factors in a vineyard of arid region of northwest China. Atmospheric Environment, 84: 349-354

Han X., Xue T., Liu X., *et al.* 2021. A sustainable viticulture method adapted to the cold climate zone in China. Horticulturae, 7: 150. https: //doi.org/10.3390/horticulturae7060150

Kroodsma D. A., Field C. B. 2006. Carbon sequestration in California Agriculture, 1980–2000. Ecological Applications, 16(5): 1975-1985

Lal R. 2004. Soil carbon sequestration impacts on global climate change and food security. Science, 304: 1623-1627

Li S. Y., Tang Q. L., Lei J. Q., *et al.* 2015. An overview of non-conventional water resource utilization technologies for biological sand control in Xinjiang, northwest China. Environmental Earth Sciences, 73(2): 873-885

Liu N., Qin Y., Song Y. Y., *et al.* 2016. Aroma composition and sensory quality of Cabernet Sauvignon wines fermented by indigenous saccharomyces cerevisiae strains in the Eastern Base of the Helan Mountain, China. International Journal of Food Properties, 19(11): 2417-2431

Morandé J. A., Stockert C. M., Liles G. C., *et al.* 2017. From berries to blocks: carbon stock quantification of a California vineyard. Carbon Balance Manage, 12: 5-17

Pizzigallo A. C. I., Granai C., Borsa S. 2008. The joint use of LCA and emergy evaluation for the analysis of two Italian wine farms. Journal of Environmental Management, 86(2): 396-406

Rusch A., Delbac L., Thiéry D. 2017. Grape moth density in Bordeaux vineyards depends on local habitat management despite effects of landscape heterogeneity on their biological control. Journal of Applied Ecology, 54(6): 1794-1803

Savi T., Petruzzellis F., Martellos S., *et al.* 2018. Vineyard water relations in a karstic area: deep roots and irrigation management. Agriculture Ecosystem Environment, 263: 53-59

Tezza L., Vendrame N., Pitacco A. 2019. Disentangling the carbon budget of a vineyard: the role of soil management. Agriculture, Ecosystems & Environment, 272: 52-62

Wang R., Yan P. K., Sun Q., *et al.* 2019. Effects of regulated deficit irrigation on the growth and berry composition of Cabernet Sauvignon in Ningxia. International Journal of Agricultural and

Biological Engineering, 12: 102-109

Wang Z.-L., Cao X., Zhang L., *et al.* 2021. Ecosystem service function and assessment of the value of grape industry in soil-burial over-wintering areas. Horticulturae, 7: 202

Wei R.-T., Chen N., Ding Y.-T., *et al.* 2022. Correlations between microbiota with physicochemical properties and volatile compounds during the spontaneous fermentation of Cabernet Sauvignon (*Vitis vinifera* L.) wine. LWT - Food Science and Technology, 163 : 113529

Wightwick A. M., Reichman S. M., Menzies N. W., *et al.* 2013. Industry wide risk assessment: A case study of Cu in Australian vineyard soils. Water Air and Soil Pollution, 224: 49-56

Williams J. N., Hollander A. D., O'Geen A., *et al.* 2011. Assessment of carbon in woody plants and soil across a vineyard-woodland landscape. Carbon Balance and Management, 6: 11-20

Wolff M. W., Alsina M. M., Stockert C. M., *et al.* 2018. Minimum tillage of a cover crop lowers net GWP and sequesters soil carbon in a California vineyard. Soil and Tillage Research, 175: 244-254

Zhang L., Wang Z. L., Xue T. T., *et al.* 2021b. Combating desertification through the wine industry in Hongsibu, Ningxia. Sustainability, 13: 5654

Zhang L., Xue T. T., Gao, F. F., *et al.* 2021a. Carbon storage distribution characteristics of vineyard ecosystems in Hongsibu, Ningxia. Plants, 10(6): 1199

Zhang W.-F., Dou Z.-X., He P., *et al.* 2013. New technologies reduce greenhouse gas emissions from nitrogenous fertilizer in China. Proceedings of the National Academy of Sciences of the United States of America, 110(21): 8375-8380

本章附录：酿酒葡萄生态系统服务功能计算公式和计算依据

计算公式	每个字母代表的含义
$W_f = P \cdot A$	W_f为酿酒葡萄的食品生产价值（元/a）。A 为酿酒葡萄面积（宁夏贺兰山东麓酿酒葡萄面积 $3.893\times10^4hm^2$；红寺堡酿酒葡萄面积 $7.067\times10^3hm^2$）。P 为酿酒葡萄利润［元/($hm^2 \cdot a$)］，参照郭慧萍等（2013）对贺兰山东麓酿酒葡萄生产的投入产出及经济效益分析的研究结果，正常年份酿酒葡萄利润等于 4.9×10^4 元/($hm^2 \cdot a$)
$CV = Pc \cdot N \cdot A \cdot a$	CV 为碳汇价值（元/a）。Pc 为碳价格（元/t），按照预期效益法，碳价等于 321.8 元/t。N 为葡萄园生态系统中 CO_2 的净交换量。根据研究结果，西北干旱区葡萄园生态系统 CO_2 净交换速率（NEE）为 8.876t/($hm^2 \cdot a$)（郭维华和高云，2013）。A 为葡萄园面积（hm^2）。a 为比例系数，根据 C 占 CO_2 分子量计算得出比例系数为 0.2727
$OV = Po \cdot N \cdot A \cdot b$	OV 为氧释放值（元/a）。Po 为放氧价格，按照宋振威等（2019）氧气价格等于 369.7 元/t。A 为葡萄园面积（hm^2）。b 为比例系数，根据 O 占 CO_2 分子量计算得出 0.7273
$U = K \cdot Q \cdot A$	U 为吸收的气体和尘埃的总价值（元/a）。K 为吸收气体或粉尘的单价（元/t）。Q 为单位面积葡萄园吸收的气体和粉尘量［t/($hm^2 \cdot a$)］。A 为葡萄园面积（hm^2）。根据马新辉等（2002）的研究结果，SO_2、NO_X、HF 和粉尘治理单价分别等于 600 元/t、900 元/t、600 元/t 和 170 元/t。单位面积葡萄园吸收的 SO_2、NO_X、HF 和粉尘量分别为 0.09t/($hm^2 \cdot a$)、0.008t/($hm^2 \cdot a$)、0.0008t/($hm^2 \cdot a$)和 0.009t/($hm^2 \cdot a$)
$W_s =（S-L）\cdot A \cdot P$	W_s为土壤保育价值（元/a）。S 为土壤侵蚀模数［t/($hm^2 \cdot a$)］。L 为土壤流失量［t/($hm^2 \cdot a$)］。A 为葡萄园面积（hm^2）。P 为土壤保持价格（元/t）。据宁夏水利统计，酿酒葡萄区原始地貌土壤侵蚀模数为 30t/($hm^2 \cdot a$)，水土流失量为 10t/($hm^2 \cdot a$)。根据肖寒等（2000）的研究结果水土保持价格等于 6.52 元/t

续表

计算公式	每个字母代表的含义
$W_w=(R-E)\cdot A\cdot P$	W_w为水保价值（元/a）。R为年平均降水量（mm/a）。E为年平均蒸散量（mm/a）。A为葡萄园面积（hm^2）。P为单位储水费（元/t）。宁夏水利统计显示，酿酒葡萄区年均降水量等于200mm/a，平均蒸散量等于184mm/a。单位蓄水成本为0.67元/t
$Q=(X-x)\cdot A\cdot P$	Q为节水增效价值（元/a）。X为宁夏农业灌溉平均用水量（t/hm^2）。x为酿酒葡萄产业平均用水量（t/hm^2）。A为葡萄园面积（hm^2）。P为水价［元/(t·a)］。据宁夏水利统计，宁夏农业灌溉用水量$9.54\times10^3 t/hm^2$，酿酒葡萄灌溉用水量$8.535\times10^3 t/hm^2$，水价0.22元/(t·a)
$V=P\cdot N\cdot Y$	V为生态旅游总收入（元/a）。P为人均旅游消费（元/a）。N为游客总数（人）。Y为时间（年）。根据宋振威等（2019）研究发现，贺兰山东麓葡萄酒产业年接待旅游人数35万人次，宁夏人均旅游消费9762元，由此估算葡萄产业生态旅游价值为3.42亿。参照吴忠市农业产业化服务中心的数据报告，红寺堡葡萄产业年接待4万人次，人均旅游消费683元，带动群众创收2732万元
$PA=P\cdot N$	PA为生态扶贫年总收入（元/a）。P为人均工资收入（元/a）。N为生态贫困缓解总数（人）。根据宋振威等（2019）研究发现，葡萄产业为生态移民提供了12万个就业岗位，人均3140元。根据吴忠市农业产业化服务中心的数据报告，葡萄酒产业发展解决就业8万人次，人均收入1000元，带动农户劳务收入8000万元